Strategische Zielvorgaben im Rahmen verzerrter Rechnungslegung bei unsicheren Signalen und Moral Hazard

von Igor Ullrich

CALLSEN-BRACKER VERLAG

Zum Autor: Igor Ullrich ist promovierter Wirtschaftsingenieur.

Bibliografische Information der Deutschen Nationalbibliothek:

Die Deutsche Nationalbibliothek verzeichnet diese Publikation in der Deutschen Nationalbibliografie; detaillierte bibliografische Daten sind im Internet über
http://dnb.dnb.de abrufbar.

Zugl.: Berlin, Technische Universität, Diss., 2015

1. Auflage: 2015
ISBN: 978-3-941797-09-3
Callsen-Bracker Verlag, Berlin
Danckelmannstraße 45, 14059 Berlin
URL: www.callsen-bracker-verlag.de

Verlag: Callsen-Bracker Verlag, Berlin
Druck: BoD – Books on Demand GmbH, Norderstedt
Covergestaltung: Igor Ullrich

Danksagung

Ich danke meinem Doktorvater, Prof. Dr. Hans Hirth, sehr herzlich für die hervorragende Betreuung, die sich vor allem auszeichnet durch seinen analytischen Scharfsinn, ein offenes Ohr zu jeder Zeit, viele kreative Ideen und eine Menge Humor.

Außerdem danke ich Sebastian Pepper, Daniel Förster, Bekir Sendilmen, Norman Zimmermann, Hans-Markus Callsen-Bracker, Florian Mann und Adrian Fabarius für die anregenden Gespräche bezüglich meiner Arbeit und vielen weiteren interessanten Themen auf dem Gebiet der Finanzwelt.

Meine Zeit am Lehrstuhl war außerordentlich bereichernd.

Inhaltsverzeichnis

Abbildungsverzeichnis

Abkürzungsverzeichnis

Abs.	Absatz
AG	Aktiengesellschaft
bspw.	beispielsweise
bzw.	beziehungsweise
c.p.	ceteris paribus
ca.	circa
d.h.	das heißt
et al.	et alia
EU	Europäische Union
evtl.	eventuell
ff.	fortfolgend(e)
GAAP	Generally Accepted Accounting Principles
GmbH	Gesellschaft mit beschränkter Haftung
HGB	Handelsgesetzbuch
i.d.R.	in der Regel
IAS	International Accounting Standards
IASB	International Accounting Standards Board
IC	Incentive Compatibility
IFRS	International Financial Reporting Standards
IR	Individual Rationality
KRL	konservative Rechnungslegung
LL	Limited Liability
MH	Moral Hazard
Nr.	Nummer

RL	Rechnungslegung
S.	Seite
SU	symmetrische Unsicherheit
u.a.	unter anderem
u.U.	unter Umständen
US	United States
vgl.	vergleiche
z.B.	zum Beispiel

Symbolverzeichnis

A_B	Gehalt des Agenten für den Fall, dass j=B
A_G	Gehalt des Agenten für den Fall, dass j=G
α	Wichtigkeit der Entscheidung i mit $\alpha > 0$
B	Schlechte Ertragsumgebung, $B \coloneqq s < m$
c_1	Zusätzliche Kosten des Agenten für den Aufwand e_{1h} gegenüber e_{1l}
c_2	Zusätzliche Kosten des Agenten für den Aufwand e_{2h} gegenüber e_{2l}
d_h	Schwankung um den Erwartungswert k der Zufallsvariable s für den Fall, dass der Agent den Effort e_{2h} aufgewendet hat, $d_h < d_l$
d_l	Schwankung um den Erwartungswert k der Zufallsvariable s für den Fall, dass der Agent den Effort e_{2l} aufgewendet hat, $d_h < d_l$
$E(\cdot)$	Erwartungswert
e_{1h}	Aufwand des Agenten, um den Erwartungswert k_h zu realisieren
e_{1l}	Aufwand des Agenten, um den Erwartungswert k_l zu realisieren
e_{2h}	Aufwand des Agenten, um die Schwankung d_h zu realisieren
e_{2l}	Aufwand des Agenten, um die Schwankung d_l zu realisieren
F	Gewichtete absolute Abweichung zwischen der tatsächlichen Ertragsumgebung s und der Entscheidung i: $\alpha\|i - s\|$
f_h	Wahrscheinlichkeit, dass ein gutes Signal berichtet wird, wenn eine tatsächlich gute Ertragsumgebung

	vorliegt, $f_h = \mathrm{P}(j = G \vert \mathrm{s} \geq \mathrm{m})$
f_l	Wahrscheinlichkeit, dass ein schlechtes Signal berichtet wird, wenn eine tatsächlich schlechte Ertragsumgebung vorliegt, $f_l = \mathrm{P}(j = B \vert \mathrm{s} < m)$
G	Gute Ertragsumgebung, $G \coloneqq s \geq m$
i_B	Entscheidung (z.B. angebotene Menge) des Principals für den Fall, dass er das Signal j=B erhält
i_G	Entscheidung (z.B. angebotene Menge) des Principals für den Fall, dass er das Signal j=G erhält
j	Accountingsignal über die Lage von s in Bezug auf m mit $j \in \{G, B\}$
k_h	Erwartungswert der Zufallsvariable s für den Fall, dass der Agent den Effort e_{1h} aufgewendet hat, $k_h > k_l$
k_l	Erwartungswert der Zufallsvariable s für den Fall, dass der Agent den Effort e_{1l} aufgewendet hat, $k_h > k_l$
m	Der vom Principal festgelegte Cut-Off
$P(\cdot)$	Wahrscheinlichkeit
$P(\cdot \vert x)$	Wahrscheinlichkeit unter der Bedingung, dass x gilt
R	Payoff des Principals: $s - \alpha \vert i - s \vert - A$
RG	Bruttopayoff des Principals: $s - \alpha \vert i - s \vert$
s	Ertragsumgebung (z.B. nachgefragte Menge) gleichverteilte Zufallsvariable mit $s \in [k - d, k + d]$ mit $d > 0$
q	Wahrscheinlichkeit, dass eine gute Ertragsumgebung eintreten wird, $q = \frac{\mathrm{k+d}-m}{2d}$
U	Reservationsnutzen des Agenten

1 Einleitung

Die Nützlichkeit absichtlicher Verzerrung in der Rechnungslegung ist ein seit Jahrzehnten kontrovers diskutiertes Thema[1], welchem in Zeiten von Banken- und Finanzkrisen sowie Rechnungslegungsskandalen immer wieder besondere Beachtung[2] zuteil wird. Im Kern geht es um die Frage, ob es sinnvoll ist, dass Unternehmen ihre Vermögenswerte und Schulden verzerrt darstellen, d.h. systematisch unter- oder überbewerten. Als Gegenansatz zur Verzerrung hat sich mit der internationalen Vereinheitlichung der Rechnungslegung gemäß den IAS bzw. IFRS der sogenannte „beizulegenden Zeitwert" (Fair Value) etabliert. Dieser ist „der Preis, der im Zuge eines geordneten Geschäftsvorfalls unter Marktteilnehmern am Bemessungsstichtag beim Verkauf eines Vermögenswerts erhalten würde oder bei Übertragung einer Schuld zu zahlen wäre"[3]. Ein Abweichen von diesem Fair Value wird insofern als Verzerrung interpretiert. Eine absichtliche Verzerrung, bei der das Unternehmensvermögen systematisch unterbewertet (überbewertet) und die Unternehmensschulden systematisch überbewertet (unterbewertet) werden, wird als konservative (liberale) Rechnungslegung bezeichnet[4]. Unter einer neutralen Rechnungslegung versteht man folglich die Abwesenheit einer solchen absichtlichen Bewertungsverzerrung[5]. Ein Beispiel für die konservative Rechnungslegung ist das im Rahmen der Grundsätze ordnungsmäßiger Buchführung nach § 238 Abs. 1 herrschende Vorsichtsprinzip, welches explizit im § 252 Abs. 1 Nr. 4 HGB[6] verankert ist. Im Gegensatz dazu priorisiert man in den internationalen Rechnungslegungsstandards seit September 2010 die sogenannte „glaubwürdige Darstellung" höher, welche dem Vorsichtsprinzip entgegensteht und der Neutralität bedingt[7]. Der Grad der Verzerrung bis hin zur Neutralität kann entweder

[1] Vgl. Ijiri/Jaedicke (1966), Mock (1976).
[2] Vgl. Dewing/Russell (2004), Francis et al. (2013), Benston (2007).
[3] Vgl. IASB/FASB (2011).
[4] Vgl. Guay/Verrecchia (2006), Bliss (1924), Basu (1997).
[5] Vgl. Coenenberg et al. (2014).
[6] Vgl. Baumbach et al. (2014).
[7] Vgl. Pellens et al. (2014), Financial Accounting Standards Board. (2010).

durch externe Vorschriften – Verankerung im Gesetz oder Rechnungslegungsstandards – vorgegeben sein oder als Unternehmensentscheidung im Rahmen gesetzlicher Grenzen freiwillig erfolgen, um bestimmte Unternehmensziele zu verfolgen. Obwohl viele Sachverhalte in der Rechnungslegung Regeln in Bezug auf die Einhaltung der Neutralität oder den Grad der Verzerrung vorhalten, existieren gleichzeitig Wahlmöglichkeiten[8] und ein insgesamt großes Geflecht an Bewertungsmethoden, sodass es einem Unternehmen i.d.R. möglich ist im Rahmen eines Ermessensspielraums eine starke oder schwache Verzerrung der Rechnungslegung zu implementieren[9]. In dieser Arbeit wird die Annahme getroffen, dass eine Firma den Grad der Verzerrung bis hin zur Neutralität selbst bestimmen kann.

Die Frage nach der Nützlichkeit einer systematischen Verzerrung kann dabei unter verschiedenen Aspekten erfolgen, z.B. im Hinblick auf das von den Gläubigern zu tragende Ausfallrisiko von Kreditverträgen, die Investitionsentscheidungen von Analysten, die variable Vergütung von Managern, das Regressrisiko von Wirtschaftsprüfern, die Marktpreise[10], die beste strategische Kapazitätsentscheidung der Unternehmensleitung oder gesamtökonomisch im Sinne der Wohlfahrtmaximierung. Im Rahmen dieser Arbeit erfolgt eine ökonomische Betrachtung[11], deren Ergebnisse jedoch als wohlfahrtsoptimierend interpretiert werden können. Denn wie sich später zeigen wird, erhält der Agent im Modell bei jedem der beiden Rechnungslegungssystem im Erwartungswert das gleiche Gehalt. Insofern ist die Wohlfahrt immer dann höher, wenn der erwartete Gewinn des Principals höher ist.

---

[8] Im Gegensatz zur unbedingten Vorsicht, bei der unabhängig von eintretenden Ereignissen konservativ bilanziert wird, ist hier die bedingte Vorsicht gemeint, d.h. die gewollt asymmetrische Erfassung von Ereignissen, vgl. Beaver/Ryan (2005), Fülbier et al. (2008).

[9] Vgl. Wagenhofer (2005).

[10] Hierzu existiert eine separate Diskussion, ob und wenn ja welchen Einfluss die Rechnungslegungskennzahlen auf die Marktpreise haben, vgl. Dietrich et al. (2007), Givoly et al. (2007), Callen et al. (2010), Ball/Shivakumar (2008).

[11] In der Literatur existieren weitere Ansätze, die sich beispielsweise mit neuronalen Prozessen beschäftigen, da Gewinne und Verluste im Gehirn unterschiedlich verarbeitet werden, vgl. Dickhaut et al. (2010).

Es kann des Weiteren die Frage gestellt werden, ob die Verzerrung gesetzlich verpflichtend oder freiwillig sein sollte. Denn wenn Parteien beliebige Verträge schließen könnten, wäre jede Art der Verzerrung per Vertrag nachbildbar und insofern unverzerrte Information als Basis vorteilhaft. In der Realität sind Verträge jedoch nicht frei verhandelbar[12]. Die Standardsetter tendieren heute vor allem auf internationaler Ebene dazu den Fair Value einer konservativen Rechnungslegung vorzuziehen. Watts (2003) argumentiert, dass konservative Rechnungslegung sich über viele Jahrhunderte gehalten hat - in den letzten 30 Jahre tendenziell sogar zunahm - und dies ein empirischer Indikator für eine natürliche Vorteilhaftigkeit unter bestimmten Bedingungen sei. Weitere empirische Studien kommen zu dem Schluss, dass das Vorsichtsprinzip in der Rechnungslegung eine weit verbreitete Anwendung erfährt[13]. Barth (2008) argumentiert, dass diese Beobachtungen hauptsächlich darin begründet seien, dass Accounting Standards sich in der Umsetzung noch nicht von ihrem traditionellen Bias gelöst haben. Watts (2003) untersucht vier mögliche Gründe für konservative Rechnungslegung. Unter anderem besteht ein Fehlanreiz darin, dass dieselben Rechnungslegungskennzahlen sowohl für die Entscheidung der Investoren als auch zur Vergütung des Managers genutzt werden. Diese Konstellation bietet neben der gewünschten Steigerung der Managermotivation, eine Performance zu leisten, gleichzeitig einen starken Anreiz diese Kennzahlen zu verzerren. Konservative Rechnungslegung helfe hierbei als Gegengewicht, solche Spielräume zu limitieren. Des Weiteren seien Rechtsstreitigkeiten und damit verbundene Kosten wahrscheinlicher, wenn die Firmenwerte zu hoch dargestellt werden. Konservative Rechnungslegung wirke dem entgegen, da Aufwände antizipiert erfasst werden, Erträge hingegen erst bei Realisation. Und auch Steuerzahlungen können durch das sofortige Erfassen von Aufwänden und das verzögerte Erfassen von Einnahmen hinausgezögert werden.

---

[12] Vgl. Arya et al. (1998).

[13] Vgl. Givoly/Hayn (2000), Giner/Rees (2001), García Lara/Mora (2004), Gassen et al. (2006), Ryan (2006).

Ball et al. (2007) gehen der Frage nach, ob eine konservative Rechnungslegung eher von den Eigen- oder Fremdkapitalgeber getrieben ist. Sie argumentieren, dass konservative Rechnungslegung aufgrund der sofortigen Erfassung von Aufwänden und der verzögerten Erfassung von Erträgen zu einer tendenziell zeitnahen Erfassung von Verlusten führt. Die Fremdkapitalgeber partizipieren asymmetrisch am Unternehmenserfolg, nämlich nur bis zu einem bestimmten Grad an den Gewinnen aber bis auf die Insolvenzmasse voll an den Verlusten. Da die Unternehmenseigentümer den Fehlanreiz haben in besonders riskante Projekte zu investieren, da sie unbegrenzt an den Gewinnen aber maximal mit ihrem Eigenkapital an den Verlusten partizipieren, fordern die Fremdkapitalgeber Covenants. Die Rechte aus diesen können die Fremdkapitalgeber umso eher ausüben, je zeitnaher Verluste gezeigt werden. Daher ist für die Fremdkapitalgeber die zeitnahe Erfassung von Verlusten wichtiger als von Gewinnen und sie bevorzugen eine konservative Rechnungslegung. Gigler et al. (2009) wenden ein, dass durch konservative Rechnungslegung einerseits die Wahrscheinlichkeit steigt, dass Fremdkapitalgeber Rechte aus Covenants ausüben können, jedoch gleichzeitig der Informationsgehalt eines Signals sinkt. Somit stellt sich die Frage, wie gut die daraus resultierenden Entscheidungen seien können. Außerdem wird die Art der Covenants erheblich davon abhängen, wie konservativ die Rechnungslegung berichtet. Optimale Debt Covenants verlagern die Entscheidungsbefugnis über Unternehmenssteuerungsaspekte genau dann von den Eigenkapital- zu den Fremdkapitalgebern, wenn die Unternehmensprognosen, welche vom aktuell herrschenden Rechnungslegungssystem abhängen, hinreichend schlecht sind. Eine Änderung des Rechnungslegungssystems, hin zu einem konservativen, führt – bei sonst gleichen Umständen – zu einer schlechteren Unternehmensprognose. Daher ist zu erwarten, dass sich auch die Debt Covenants, also die Schwellenwerte für den Entscheidungsbefugniswechsel und die daraus resultierenden Kompetenzen, ändern, sodass die Fremdkapitalgeber tendenziell die gleiche Macht wie bei unveränderter Rechnungslegung besitzen. Als Effizienzmaß für Kreditverträge dient die Summe der Kosten fehlerhafter Liquidationsentscheidungen. Dies sind die Kosten die entstehen, wenn ein erfolgreiches Projekt fälschlicherweise abgebrochen wird (Fehlertyp 1) oder wenn ein erfolgloses Projekt fälschlicherweise nicht abgebrochen wird (Fehlertyp 2). Das Resultat ist, dass die Gesamtkosten bei liberalem Reporting am niedrigsten sind.

Caskey und Hughes (2008) betrachten ein kreditfinanziertes Projekt mit Covenants, bei dem der Manager auch nach Projektbeginn Entscheidungsbefugnisse hat. Die effizienteste Investitionsentscheidung wird in diesem Modell bei konservativer Rechnungslegung getroffen. Beachtenswert ist, dass eine bloße Verringerung des Schwellenwerts der Covenants kein ähnlich gutes Ergebnis darstellt. Li (2009) erweitert das Modell der Kreditverträge um Nachverhandlungskosten und kommt zu dem Ergebnis, dass die Nützlichkeit konservativer Rechnungslegung davon abhängt, ob und zu welchen Kosten nachverhandelt wird. Wenn der Vertrag nicht nachverhandelbar ist oder die Kosten zu hoch sind, vermindert eine konservative Rechnungslegung die Effizienz des Kreditvertrags. Bei moderaten Kosten kann die Wohlfahrt des Unternehmenseigentümers gesteigert werden, wenn zusätzlich bestimmte Voraussetzungen gelten. Wenn die Nachverhandlung kostenlos ist, ist der Grad der konservativen Rechnungslegung irrelevant. Göx und Wagenhofer (2010) modellieren eine Firma, die in ein riskantes Projekt mittels Fremdkapital investieren möchte und analysieren dann das Informationssystem, welches Signale über die Sicherungswerte an die Fremdkapitalgeber sendet. Sie finden, dass das optimale Informationssystem nicht die Präzision im Allgemeinen maximiert, sondern gute Signale sehr präzise und schlechte Signale unpräzise berichtet. Je nach Art der erhaltenen Information justieren Fremdkapitalgeber dann die Assetwerte ihres Kalküls. Hierbei verändert sich der Erwartungswert der Assetwerte nicht, jedoch deren Präzision. Im optimalen Rechnungslegungssystem ist ein geringer Fair Value üblicherweise präziser als ein hoher Wert. Daher steuert die Firma die Präzision des Informationssystems derart, dass es die Finanzierung bei günstigen Informationen sicherstellt. Obwohl Fair Values unverzerrte Erwartungswerte sind, kann durch die asymmetrische Präzision eine stärkere Preisreaktion für ungünstige Signale als für günstige Signale erfolgen. Anschließend werden die Kosten einbezogen, die durch eine Fehlbewertung der Assets entstehen, d.h. der Unterschied zwischen dem Buchwert und dem tatsächlichen Wert des Assets, der sich zu einem späteren Zeitpunkt herausstellen wird. Hierbei werden die Ansätze „Anschaffungskosten“ und „Fair Value“ verglichen. Je leichter es für die Firma ist eine Finanzierungszusage zu erhalten, desto eher bevorzugt sie Anschaffungskosten und umgekehrt.

Chen et al. (2006) finden heraus, dass konservative Rechnungslegung dazu führt, den Managementanreiz zur Gewinnmanipulation zu reduzieren und dass dieser Vorteil den Nachteil des Informationsverlustes überwiegen kann. Christensen und Demski (2004) gehen in einem Principal-Agent-Setup von mehreren Informationsquellen aus, die entweder ein gutes oder schlechtes Signal senden und analysieren die Fragestellung, ob es besser ist von einer Informationsquelle die guten oder schlechten Informationen in eine Entscheidung bzw. einen Vertrag einzubeziehen. Die Antwort hängt davon ab, ob die Informationsquelle öffentlich beobachtbar ist oder vom Agenten reportet wird. Hierbei kann es zu Situationen kommen, in denen mehr Informationen einbezogen werden, wenn die anfängliche Information ungünstig war. Dies kann als konservative Rechnungslegung interpretiert werden. Suijs (2008) betrachtet ein Generationsmodell, in dem die aktuelle Generation eine Aktie und somit das Risiko in Form von Volatilität des Aktienpreises an zukünftige Generationen verkaufen kann. Ein Rechnungslegungssystem berichtet über zukünftig erwartete Cash Flows und somit transferiert ein informativeres System ein größeres Risiko von der zukünftigen Investorengruppe zur aktuellen. Es zeigt sich, dass ein Rechnungslegungssystem, welches ungünstige Informationen präziser berichtet, optimal ist im Bezug auf die Ausfallprämien. Gjesdal (1982) befasst sich mit den Bedingungen zum Ranking von Informationssystemen[14] analog zum Blackwell Ordering[15]. Da ein solches Ranking nur bei

[14] Vgl. Bielinska-Kwapisz (2003).

[15] Blackwell (1953) zeigt ein Modell, welches Informationssysteme bewertet, wobei hierbei nicht zwischen viel Information und nützlicher Information unterschieden wird.

Moral Hazard Anwendung findet, identifiziert Kim (1995) weniger restriktive Bedingungen, die sich in Likelihoodratios begründen. In diesem Zusammenhang gibt es kein Ordering, wenn man nur die übliche Erwartungswertsteigerung durch den Agenteneffort betrachtet. Wenn jedoch der Agenteneffort zum Senken der Unsicherheit einbezogen wird und der Agent durch entsprechenden Anreiz hierzu motiviert werden soll, ist ein liberales Accountingsystem vorzuziehen.

Wie gezeigt wurde, herrscht im wissenschaftlichen Diskurs über die Vorteilhaftigkeit und den optimalen Grad verzerrter Rechnungslegung keine einheitliche Meinung. Es lassen sich sowohl für Verzerrung als auch für Neutralität Vor- und Nachteile feststellen, sodass keine Bewertungsmethode per se besser als die andere ist, sondern die Frage nach Vorteilhaftigkeit situations- und zweckabhängig betrachtet werden muss[16]. Die Unternehmensunsicherheit wird außerdem durch eine Vielzahl von Faktoren beeinflusst. In der Literatur wird an vielen Stellen darauf hingewiesen, dass die Rechnungslegung immer nur einen Teil, jedoch nie die gesamte Unternehmensunsicherheit adressieren kann[17].

Die Rechnungslegung dient in der Regel mehreren Zwecken gleichzeitig. Unter anderem zur Bemessungsgrundlage für die Gewinnausschüttung an die Shareholder, zum Schutz des Gläubigervermögens[18] und als Informationsquelle für Investoren hinsichtlich der Vermögens- und Ertragslage. Aber auch das Managementgehalt und strategische Unternehmensentscheidungen sind regelmäßig an Rechnungslegungskennzahlen gekoppelt. Genau diese beiden Aspekte sollen den primären Betrachtungsgegenstand dieser Arbeit darstellen.

In der Praxis setzt ein Unternehmenseigentümer in Ermangelung seiner Expertise oder aufgrund zu hoher Opportunitätskosten einen Manager für ein definiertes Aufgabengebiet ein. Inhalt die-

---

[16] Vgl. Guay/Verrecchia (2006).
[17] Vgl. Ijiri (1975), Demski (1980), Dye (1985), Christensen/Demski (2002).
[18] Vgl. Hirte (2014) §233 AktG.

ses Aufgabengebietes kann es beispielsweise sein die Nachfrage eines Unternehmensproduktes zu steigern. Der Manager verhandelt dafür eine Vergütung, die im Regelfall aus einem fixen und einem variablen Anteil, dem Bonus, besteht, wobei der Bonus normalerweise an eine vom Manager zumindest teilweise zu beeinflussenden Erfolgsgröße gebunden ist und sich in einer Rechnungslegungskennzahl widerspiegelt – in diesem Fall an der Nachfragesteigerung, welche mit der Rechnungslegungskennzahl „Revenue" korreliert, wenn nicht nur realisierter, sondern ebenfalls vertraglich vereinbarter Umsatz eingeschlossen wird. Kann der Manager die Nachfrage in der Periode derart steigern, dass mindestens ein vom Unternehmenseigner vorgegebener Schwellenwert erreicht wird, so erhält der Manager zu seinem Fixgehalt einen Bonus. Erreicht er diesen nicht, erhält er lediglich sein Fixgehalt. Es ist üblich, dass der Manager haftungsbeschränkt ist und der Bonus und somit auch das Gesamtgehalt nicht negativ werden können. Nachdem der Manager für den Unternehmenseigentümer im Rahmen seiner Handlungsspielräume und festgelegten Zielvorgaben, z.B. einen zu erreichenden Schwellenwert, eine gewisse Zeit lang tätig war, trifft der Unternehmenseigentümer an Hand von eingetroffenen Informationen strategische und operative Entscheidungen. Für das Beispiel der Nachfragesteigerung wäre eine operative Entscheidung die Menge der zu produzierenden Güter in der nächsten Periode. Hat der Manager es geschafft die Nachfrage über einen gewissen Schwellenwert zu steigert, so wird der Unternehmenseigentümer eine höhe Kapazität veranlassen, als wenn dieser Schwellenwert nicht erreicht worden wäre; denn sowohl Über- als auch Unterkapazitäten schaden dem Unternehmensgewinn.

Man kann erkennen, dass ein Trade-Off existiert zwischen dem Managerbonus und der Produktionsentscheidung. Eine sehr hohe Zielvorgabe hat zur Folge, dass der Manager seinen Bonus mit geringerer Wahrscheinlichkeit erhält, aber der Bereich, in dem die tatsächliche Nachfrage liegen wird[19], groß ist und somit die Pro-

[19] Vorausgesetzt ein schlechtes Signal, welches bei großem Bereich sehr wahrscheinlich ist.

duktionsentscheidung von der tatsächlichen Nachfrage weit weg liegen wird, was Kosten verursacht. Eine Zielvorgabe darunter würde helfen diesen Fehler zu verkleinern[20], jedoch ebenfalls dazu führen, dass der Manager seinen Bonus öfter erhält[21]. Daher muss der Unternehmenseigentümer eine strategische Entscheidung über die Wahl des Accountingsystems treffen, die seinen erwarteten Payoff maximiert.

Ein weiterer wichtiger Aspekt bei der Nutzung von Rechnungslegungskennzahlen ist die Unsicherheit, die an ihnen haftet. Die meisten Vermögens- und Schuldwerte, wie zum Beispiel Finanzanlagen, Vorräte, Forderungen aber auch Rückstellungen und Verbindlichkeiten sind noch nicht über entsprechende Zahlungsströme realisiert und insofern lediglich Zufallsvariablen, die von Einflussgrößen wie Zinssätzen, Ausfallwahrscheinlichkeiten und technischem Fortschritt abhängen können und bei denen man lediglich eine gewisse Verteilung annehmen kann. Um einen Fair Value zu einem Stichtag abschätzen zu können, werden über einen bestimmten Zeitraum eine Vielzahl von Informationen ausgewertet, die dann eine Kennzahl, das Rechnungslegungssignal, ergeben. Wie solche Informationen, die sich auch widersprechen können, gewichtet werden, ist ein Maß für die Verzerrung der Rechnungslegung.

Ein ebenfalls wichtiger Aspekt für die Behandlung von Managementgehältern ist der Moral Hazard in der Principal-Agent-Konstellation. Hierbei existiert eine informierte Partei – genannt Agent –, zum Beispiel der Manager eines Unternehmens, der einen guten Einblick in das Unternehmen und insbesondere in seine eigene Arbeitsleistung hat und eine uninformierte Partei – genannt Principal –, zum Beispiel die Anteilseigner des Unternehmens, die den Agenten für ein definiertes Aufgabenspektrum anstellen und keinen Einblick in seine Arbeitsleistung haben. Da

---

[20] Der große Bereich links der Zielvorgabe würde verkleinert werden und dafür der rechte Bereich vergrößert. Je nachdem welches Signal empfangen wird, kann die Nachfrage nun besser abgeschätzt werden.

[21] Wenn die Nachfragesteigerung ausbleibt, kann von einem haftungsbeschränkten Manager keine Rückzahlung verlangen werden.

die tatsächliche Arbeitsleistung des Agenten vom Principal nicht beobachtet werden kann und der beobachtbare Output seiner Leistung aufgrund der oben genannten Einflussgrößen im Rahmen einer gewissen Zufallsverteilung schwankt, hat der Manager möglicherweise einen Fehlanreiz sich nicht anzustrengen, da jede Anstrengung mit Kosten verbunden ist und der Agent einerseits die Aussicht hat, auch ohne diese Kosten, mit einer gewissen Wahrscheinlichkeit eine scheinbar gute Arbeitsleistung und somit gute Vergütung zu erzielen und der Agent andererseits das Risiko trägt trotz guter Leistungen und den damit verbundenen Kosten so wahrgenommen und vergütet zu werden, als hätte er eine schlechte Arbeitsleistung erbracht.

Grundlage der folgenden Analyse ist das Model von Kwon et al. (2001). In diesem existiert ein Agent, der durch Anstrengung den Erwartungswert einer Zufallsvariable steigern kann und an Hand des realisierten Ergebnisses vergütet wird. Da der Effort des Agenten nicht beobachtbar ist, entstehen dem Principal Kosten, um den Agenten anzureizen eine gewünschte Anstrengung zu erbringen. Es zeigt sich, dass bei einem haftungsbeschränkten Manager eine konservative Rechnungslegung optimal ist[22], da der Manager an positiven Ergebnissen voll partizipiert, an negativen jedoch aufgrund der Haftungsbeschränkung nicht. Kwon (2005) zeigt, dass konservative Rechnungslegung auch dann optimal sein kann, wenn man zusätzlich die Kosten einbezieht, die dem Principal dadurch entstehen, dass er eine Entscheidung basierend auf einer Second-Best-Lösung trifft. Sung (2005) erweitert das von Holmstrom und Milgrom (1985) entwickelte Ergebnis einer linearen Principal-Agent-Vergütung um den Fall, dass der Agent nicht nur den Erwartungswert einer Zufallsvariablen beeinflussen kann, sondern auch die Varianz. Er zeigt dabei, dass der optimale Agentenvertrag wieder linear ist. Chen et al. (2010) erweitern das von Kwon et al. (2001) auf die Erhöhung eines Erwartungswertes fokussierte Modell um den Aspekt möglichst präziser Informatio-

---

[22] Vgl. Dieses Ergebnis bestätigt vorige Arbeiten im Hinblick auf Moral Hazard und konservative Rechnungslegung, vgl. Kwon (2005), Gigler/Hemmer (2001), Bagnoli/Watts (2005).

nen. Man kann sich leicht vorstellen, dass der Principal nicht nur daran interessiert ist eine Zufallsvariable, z.B. die zukünftige Nachfrage, im Erwartungswert zu steigern, sondern dass er ebenfalls an einer möglichst genauen Einschätzung des sich zukünftig realisierenden Wertes interessiert ist, um seine Produktionsmenge entsprechend zu planen. Es wird angenommen, dass dem Principal Kosten in Abhängigkeit der Abweichung zwischen Produktionsmenge und Nachfrage entstehen und dass diese für beide Abweichungsrichtungen – Überproduktion oder Nachfrageengpass – identisch sind. Der Agent soll daher im Vorfeld einen Aufwand erbringen diesen Schwankungsbereich einzuengen, um eine möglichst genaue Einschätzung des Erwartungswertes zu liefern. Chen et al. (2010) erhalten das Ergebnis, dass bei gleichzeitiger Berücksichtigung von einerseits Erwartungswerterhöhung und andererseits Einengung des Schwankungsbereiches die Rechnungslegung nun liberal sein muss.

In der Praxis haben sich zwei separate Systeme für die Bewertung von Unternehmenswerten etabliert – das externe und das interne Rechnungslegungssystem. Der Vorteil von separaten Systemen besteht darin, dass man unterschiedliche Zielgruppen mit ihren jeweiligen Anforderungen, zum Beispiel den jeweils benötigten Informationen, gezielt bedienen kann. So ist es denkbar, dass sich ein Gläubiger für den Unternehmenswert, der im schlechtesten Fall realisiert wird, (Zerschlagungswert) interessiert, ein Manager jedoch anhand des aktuellen Unternehmensmarktwerts vergütet werden möchte. Es stellt sich jedoch sogleich die Frage, ob das Vorhandensein zweier unterschiedlicher Bewertungssysteme nicht bereits die erste Stufe einer Bewertungskosmetik ist, indem sie nicht vorrangig umfassende Informationen inklusive Risiken liefert, sondern nur diejenigen Informationen, die von der jeweiligen Zielgruppe gewünscht werden. Darüber hinaus führen zwei separate Systeme zu hohen Abstimmungskosten, weshalb immer mehr Unternehmen eine Angleichung der internen und externen Bewertungssysteme als wünschenswert erachten[23]. In dieser Ar-

---

[23] Vgl. Wagenhofer/D'Arcy (2006).

beit wird von nur einem Bewertungssystem ausgegangen, bei dem die externe Rechnungslegung auch der Steuerung dient. Die Ergebnisse haben jedoch ebenfalls Gültigkeit, wenn man annimmt, dass nach einem separaten internen Bewertungssystem gesteuert wird.

2 Modellstruktur von Chen et al. (2010)

Im Modell von Chen et al. (2010) existiert eine Zufallsvariable s, die im weitesten Sinne als Ertragsumgebung[24], z.B. als nachgefragte Menge, verstanden werden kann und gleichverteilt ist im Intervall $[k - d, k + d]$ mit dem Erwartungswert k und $d > 0$. Bevor s realisiert wird, kann der Principal eine Entscheidung i, z.B. die angebotene Menge[25], in Bezug auf das erwartete s treffen.

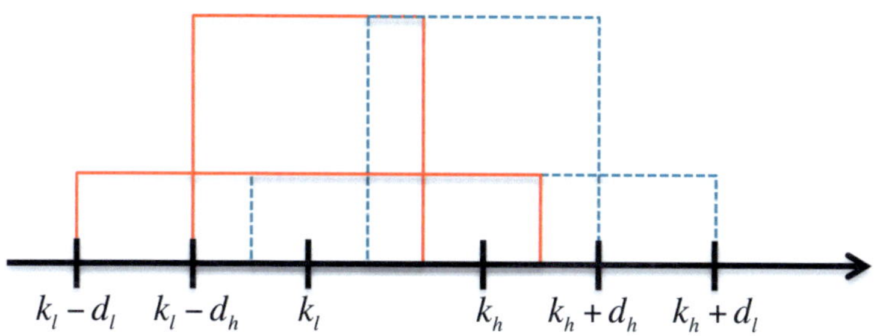

Abbildung 1: „Beispielhafte Verteilung der Lageparameter“

Der Prinzipal kann außerdem gegen ein Gehalt A einen Agenten, der das s in zweierlei Hinsicht beeinflussen kann, einstellen; Principal und Agent sind risikoneutral. Der Agent kann zwei Arten von Aufwand (e_1, e_2) ausüben, um s zu beeinflussen. Jeder Aufwand ist binärverteilt und beeinflusst einen separaten Paramater der Verteilung von s. Der erste Aufwand $e_1 \epsilon \{e_{1h}, e_{1l}\}$ beeinflusst den Erwartungswert k derart, dass ein hoher erster Aufwand e_{1h} zu einem $k_h > k_l$ führt. Der zweite Aufwand $e_2 \epsilon \{e_{2h}, e_{2l}\}$ beeinflusst den Schwankungsbereich d derart, dass ein hoher zweiter Aufwand e_{2h} zu einem $d_h < d_l$ führt. Wenn unter s die

[24] Mit Ertragsumgebung ist jede Art von Rückfluss gemeint, der dem Unternehmenseigentümer dient.

[25] Die Entscheidung i kann jedoch vielfältig interpretiert werden. Sie könnte ebenso eine Kauf- oder Verkaufsentscheidung der Shareholder in Erwartung eines bestimmten Financial Reports s sein.

nachgefragte Menge verstanden wird, können als Beispiel für e_1 Werbemaßnahmen, Produktverbesserungen und Preispolitiken sowie als Beispiel für e_2 Marktforschung, Meinungsumfragen und Regressionsanalysen verstanden werden. Jeder Aufwand verursacht beim Agenten Kosten. Mit c_1 und c_2 werden die zusätzlichen Kosten des Agenten für einen hohen gegenüber einem niedrigen Aufwand beschrieben, also e_{1h} gegenüber e_{1l} bzw. e_{2h} gegenüber e_{2l}.

Wenn s, i und A bekannt sind, lautet der Payoff des Principals

$$R = s - \alpha|i - s| - A$$

wobei $\alpha > 0$ ein Paramater ist, der die Wichtigkeit der Entscheidung i gewichtet. In jedem Fall ist der Principal umso besser gestellt, je dichter seine Entscheidung i am realisierten s liegt.

Wenn man s als Nachfrage und i als Angebot versteht, ist die zugrundeliegende Idee dieser Payoff-Funktion, dass die Firma zwar von einer möglichst hohen Nachfrage s und einem möglichst niedrigen Gehalt A profitiert, jedoch dieser Vorteil umso mehr verloren geht, je weniger sich das Angebot i mit der Nachfrage s deckt[26]. Der Aufwand e_1 repräsentiert hierbei allein das Anreizproblem nach einem erhöhten Erwartungswert für s. Erst der Abweichungsterm $\alpha|i - s|$ fordert die Fähigkeit des Agenten die Verteilungsunsicherheit zu minimieren. Ohne diesen Term würde unter der Annahme der Risikoneutralität der optimale Wert für e_2 null sein. Insofern fordert das dargestellte Setting mit diesem Term, dass der Principal sowohl den Anreiz des Agenten als

[26] Wie an den Betragsstrichen der Formel zu erkennen ist, beeinflusst eine Abweichung sowohl nach oben als auch nach unten, d.h. Über- und Unterproduktion, gleichermaßen negativ den Payoff des Principals. Auf eine detaillierte Betrachtung, in der man beispielsweise Lagerkosten bei Überproduktion dem Umsatzausfall bei Unterproduktion gegenüberstellt, wird hier bewusst verzichtet. Auch werden an dieser Stelle psychologische Effekte, wie eine erhöhte Nachfrage aufgrund von künstlicher Produktknappheit nicht berücksichtigt.

auch die Entscheidungsqualität, welche in Wechselwirkung stehen, berücksichtigt, um zu einem Gesamtoptimum zu gelangen.

Um eine optimale Entscheidung treffen zu können, kann die Firma ein Accountingsystem installieren, das dem Principal ein Signal über die zukünftige Lage von s liefert. Hierzu legt der Principal, noch bevor ein Vertrag mit dem Agenten zustande kommt, einen Cut-Off m fest, der als Referenzpunkt für das Signal dient. Das spätere nach den durchgeführten Aufwänden des Agenten empfangene öffentliche, binärverteilte Signal j ist wie folgt definiert: Wenn $s \geq m$ ist $j = G$ und wenn $s < m$ ist $j = B$.

Die Wahl von m erfüllt somit zwei Funktionen. Zum einen hilft die Information über die zukünftige Realisierung von s in Relation zum Cut-Off m dem Principal bei der Entscheidung i. Zum anderen, da s erst nach Zahlung des Agentengehalts beobachtbar ist, kann der Principal das Signal über die voraussichtliche Lage von s in Relation zu m als einzig beobachtbare Indikation einer guten oder schlechten Agentenleistung zur Vergütungsregelung nutzen. Das Gehalt des Agenten nimmt somit entweder bei gutem Signal den Wert A_G oder bei schlechtem Signal A_B an. Der mit dem Agenten zu Anfang ausgehandelte Vertrag beinhaltet daher die Variablen A_G, A_B, m und die Limited-Liability-Beschränkung, dass das Agentengehalt nicht negativ werden darf:

$$A_j \geq 0, j = G, B$$

Außerdem muss das Gehalt des Agenten die Individual Rationality Nebenbedingung erfüllen, also im Erwartungswert zumindest so groß sein wie seine sichere Alternative $\underline{U}$ sodass gilt

$$\sum_{j=G,B} A_j \, P(j|e_1, e_2) - c(e_1, e_2) \geq \underline{U}$$

mit

Formel 2.1: „Wahrscheinlichkeit der Ertragsumgebung bei gegebenen Efforts“

$$P(G|e_{1x}, e_{2y}) = \frac{k_x + d_y - m}{2d_y}$$

$$P(B|e_{1x}, e_{2y}) = \frac{m - (k_x - d_y)}{2d_y}$$

Diese oben aufgeführten Formeln liefern nur für den Bereich $k_x - d_y \leq m \leq k_x + d_y$ Wahrscheinlichkeitswerte zwischen null und eins. Für ein Cut-Off $m < k_x - d_y$ bzw. $m > k_x + d_y$ wäre die rechnerisch ermittelte Wahrscheinlichkeit außerhalb [0;1] und es ist in diesen Fällen sinnvollerweise $P(G|e_{1x}, e_{2y}) = 1$ und $P(B|e_{1x}, e_{2y}) = 0$ bzw. $P(G|e_{1x}, e_{2y}) = 0$ und $P(B|e_{1x}, e_{2y}) = 1$ zu setzen.

Das Modell folgt dem unten dargestellten zeitlichen Ablauf. Der Principal steht in t=1 vor folgendem Maximierungsproblem: Gesucht ist zuerst diejenige Entscheidung i in t=3, die den Payoff in t=4 maximiert, gegeben ein gutes oder schlechtes Signal. Um die Wahrscheinlichkeit auf eine gute Umgebung – und damit auch auf einen hohen erwarteten Payoff – zu maximieren müssen in t=2 die hohen Aufwände vom Agenten gewählt werden, wozu ein entsprechender Anreiz vorliegen muss; es wird zusätzlich die Annahme getroffen, dass es sich lohnt den Agenten anzureizen diese Aufwände durchzuführen, d.h. dass die damit verbundenen Kosten des Agenten eine gewisse Höhe nicht überschreiten[27]. Also muss sich der Principal überlegen, welche Gehaltsstruktur in t=1 zu den gewünschten Aufwänden führt. Die Entscheidung i und in der Regel die Vergütung A des Agenten hängen vom Cut-Off m ab. Der Principal maximiert seinen Payoff über die Wahl

[27] Ansonsten entfiele das Optimierungsproblem des Principals; er würde es vermeiden den Agenten anzureizen und den Erwartungswert der unteren Verteilung erhalten.

von m, sodass der Agent angereizt wird die hohen Aufwände zu wählen und zusätzlich eine spätere optimale Entscheidung getroffen werden kann. Die Gehaltsstruktur unterliegt der Incentive-Compatibility-Restriktion, d.h. sie muss dem Agenten bei hohen Aufwänden und damit verbundenen Kosten wahrscheinlichkeitsgewichtet mindestens dasjenige Gehalt erbringen, dass er bei Nichtaufwendung und somit ohne die entstehenden Zusatzkosten im Erwartungswert erhalten würde.

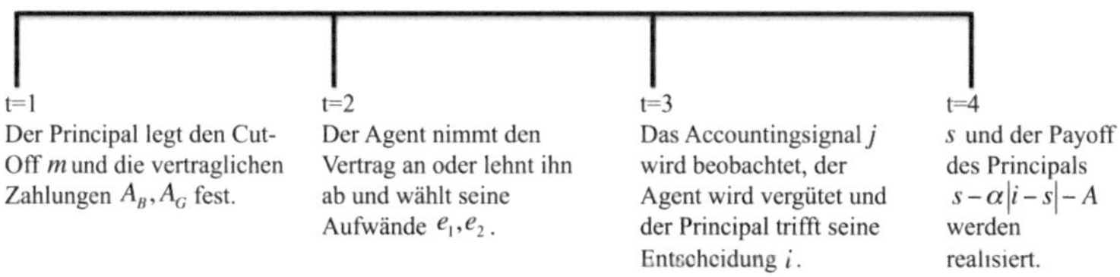

Abbildung 2: „Zeitlicher Ablauf der Parameterwahl“

Alle Größen und die gegenseitigen Kalküle sind dem Principal und Agenten bekannt. Formal löst der Principal folgende Maximierungsfunktion seines erwarteten Payoffs

$$E(R) = \max_{(e_1,e_2,m,A_B,A_G,i_B,i_G)} \sum_{j=G,B} P(j|e_1,e_2)(E(s-\alpha|i_j-s||j,e_1,e_2)-A_j)$$

unter den Nebenbedingungen der Incentive Compatibility, Limited Liability und Individual Rationality.

Formel 2.2: "Incentive Compatibility Nebenbedingung"

$$\sum_{j=G,B} A_j\, P(j|e_1,e_2) - c(e_1,e_2) \geq \sum_{j=G,B} A_j\, P(j|\widetilde{e_1},\widetilde{e_2}) - c(\widetilde{e_1},\widetilde{e_2})\, , \forall \widetilde{e_1},\widetilde{e_2}$$

Formel 2.3: "Limited Liability Nebenbedingung"

$$A_j \geq 0, j = G, B$$

Formel 2.4: "Individual Rationality Nebenbedingung"

$$\sum_{j=G,B} A_j \, P(j|e_1, e_2) - c(e_1, e_2) \geq \underline{U}$$

Fortan wird zur Vereinfachung angenommen, dass $\underline{U} = 0$, $A_B = 0$ und die Kosten bei Wahl e_{1l} und e_{2l} null sind[28]. Insofern stellen die Kosten c_1 und c_2 die Zusatzkosten dar, die bei Aufwand von e_{1h} im Vergleich zu e_{1l} und e_{2h} im Vergleich zu e_{2l} anfallen. Außerdem wird der Principal im Rahmen der IC-Nebenbedingung stets das kleinstmögliche A_G wählen[29].

[28] Zum besseren Verständnis werden in der Herleitung künftiger Formeln diese Variablen zuerst aufgeführt und einen Rechenschritt später null gesetzt.

[29] Dieses A_G erfüllt automatisch die Individual Rationality Nebenbedingung. Das Gehalt A_B und die Kosten der Alternativaufwände $\tilde{e_1}, \tilde{e_2}$ sind null. Daraus folgt $\sum_{j=G,B} A_j \, P(j|\tilde{e_1}, \tilde{e_2}) - c(\tilde{e_1}, \tilde{e_2}), \forall \tilde{e_1}, \tilde{e_2} = A_G \, P(G|\tilde{e_1}, \tilde{e_2})$. Da das Gehalt A_G und die Wahrscheinlichkeit $P(G|\tilde{e_1}, \tilde{e_2})$ nichtnegativ sind, ist der Term stets größer gleich null und erfüllt somit die Individual Rationality Nebenbedingung.

3 Modellerweiterung

3.1 Annahmen

Bei Chen et al. (2010) wird „verzerrte Rechnungslegung" als die Abweichung der erwarteten Differenz zwischen s und m vom Wert null definiert. Insofern ist ein Accountingsystem unverzerrt, wenn $\mathrm{E}(s-m)=0$, konservativ bei $\mathrm{E}(s-m)<0$ und liberal bei $\mathrm{E}(s-m)>0$. Diese Definition basiert auf dem Gedanken ein Accountingsystem als verzerrt zu begreifen, wenn es durchschnittliche Nachrichten als gute oder schlechte Nachrichten auffasst. Der Erwartungswert von s ist k. Wenn der Principal eine Zielvorgabe $m<k$ macht, so würde ein Signal, welches die zukünftige Realisierung von $s=k$, also eine durchschnittliche Nachricht, indiziert, als gute Nachricht aufgefasst werden, da $s>m$. Dieses Set-Up wäre daher als liberale Rechnungslegung einzustufen. Der Grad der Verzerrung wird in diesem Modell allein durch die Wahl des Cut-Offs m bestimmt, welcher eine Auswirkung darauf hat, welches spätere Signal bei derselben vorherzusehenden Realisation der Zufallsvariablen ausgesendet werden soll.

Diese Definition lässt jedoch außer Acht, dass Signale der Rechnungslegung einer Unsicherheit unterliegen und das Signalisieren einer Realisation von s über oder unter einem bestimmten Wert m nur ein Indikator für die tatsächliche spätere Realisierung ist, jedoch keine Sicherheit darstellt, dass dies so eintreten wird. Bevor die Rechnungslegungseinheit das Signal sendet, kommt sie durch das Sammeln, Filtern und Gewichten von Informationen zu einem voraussichtlichen Wert. Dieser Prozess kann von Unvollständigkeiten und anderen Fehlern begleitet sein, bspw. einer nur partiellen Informationsbeschaffung, fehlerhafter Quellen, eines unpassenden Filters oder einer zu starken Gewichtung. Und selbst bei Abwesenheit von Fehlern bei vollständiger Datenlage, kann ein daraus resultierendes Signal aufgrund von Marktunwägbarkeiten ein zukünftiges Ereignis nie sicher voraussagen. So sammelt die Rechnungslegungseinheit beispielsweise über einen bestimmten Zeitraum Informationen zu einer Forderung, gewichtet diese und berechnet daraus einen anzusetzenden Forderungswert, welcher als Signal von den Stakeholder genutzt wird. Im Originalmodell bedeutet ein schlechtes (gutes) Rechnungslegungssignal, dass s in jedem Fall unter (größer gleich) einem vorher vom Principal festgesetzten Cut-Off m realisiert wird. Es ist jedoch sinnvoller anzunehmen, dass der Rechnungslegungswert mit einer Unsicherheit behaftet ist und daher der tatsächliche Wert sich nur mit einer gewissen Wahrscheinlichkeit unterhalb eines bestimmten Wertes realisiert und mit der Gegenwahrscheinlichkeit darüber. Im Umkehrschluss bedeutet dies, dass einer tatsächlich guten Ertragsumgebung nicht mit Sicherheit, sondern nur noch mit einer Wahrscheinlichkeit f_h ein gutes Signal voraus geht. Ebenso führt eine tatsächlich schlechte Ertragsumgebung nur mit der Wahrscheinlichkeit f_l zu einem vorherigen schlechten Signal. Zusammengefasst kann man feststellen, das Accountingsignal j unterliegt einer Ungenauigkeit, sodass $\mathrm{P}(j = G|\mathrm{s} \geq \mathrm{m}) = f_h$ und $\mathrm{P}(j = B|\mathrm{s} < m) = f_l$ sind. Damit die Signale sinnvoll verwendet werden können, muss gelten $f \epsilon (0.5,1]$.

Ein maximal genaues Accountingsystem besäße die Wahrscheinlichkeiten $f_l = f_h = 1$. Jedes Signal würde stets fehlerlos die Realität voraussagen. Ein solches System ist in der Praxis nicht erreichbar. Man kann jedoch, um einem jeweiligen Zweck zu genügen, die Wahrscheinlichkeiten f_l und f_h durch Accountingvorgaben beeinflussen. Wie oben beschrieben wurde, können Unternehmen die Art der Verzerrung durch Wahlmöglichkeiten zu einem großen Teil selbst bestimmen. Wenn man zum Beispiel sehr pessimistisch ist und jedes noch so kleine Anzeichen für einen Zahlungsausfall stark gewichtet, dann erhöht man die Wahrscheinlichkeit f_l, also die Wahrscheinlichkeit ein schlechtes Signal zu erhalten, wenn sich später eine schlechtes Ereignis, der Zahlungsausfall, realisiert. Dabei sollte jedoch die Annahme getroffen werden, dass die Gesamtfehlerwahrscheinlichkeit konstant bleibt, da ansonsten eine Verbesserung ohne Nachteil möglich wäre. Bei **konservativer Rechnungslegung** ist man bestrebt schlechte Indikatoren stärker zu gewichten[30], was bedeutet, dass $f_l > f_h$ gilt, bis hin zum höchstmöglichen – nur theoretisch erreichbaren – Wert $f_l = 1$. Schließt man absichtlich verzerrte Gewichtungen aus, lässt sich die Annahme treffen, dass die Wahrscheinlichkeiten eines Irrtums gleich groß sind, somit liegt eine **symmetrische Unsicherheit** vor, welche sich als $f_l = f_h = f$ ausdrücken lässt. Die Anteilseigner können also im Rahmen der gesetzlichen Möglichkeiten entscheiden, ob sie eine konservative Rechnungslegung betreiben möchten oder die natürlich vorherrschende symmetrische Unsicherheit belassen möchten. Der Cut-Off m dient somit nicht mehr als Verzerrungsparameter der Rechnungslegung, sondern als strategischer Zielvorgabeparameter, um sowohl den Agentenanreiz als auch eine optimale Entscheidung nach Erhalt des Signals zu gewährleisten und damit insgesamt den Payoff des Principals zu maximieren. Die Einstellung wie konservativ die Rechnungslegung betrieben werden soll, wird über f_l und f_h vorgenommen.

Die Ex-ante-Wahrscheinlichkeit eine gute bzw. schlechte Ertragsumgebung zu realisieren hängt von k, d und der Wahl von m ab. Je weiter m nach links in Richtung $k - d$ gesetzt wird, desto wahrscheinlicher wird eine spätere Ertragsumgebung als gut eingestuft, d.h. $s \geq m$.

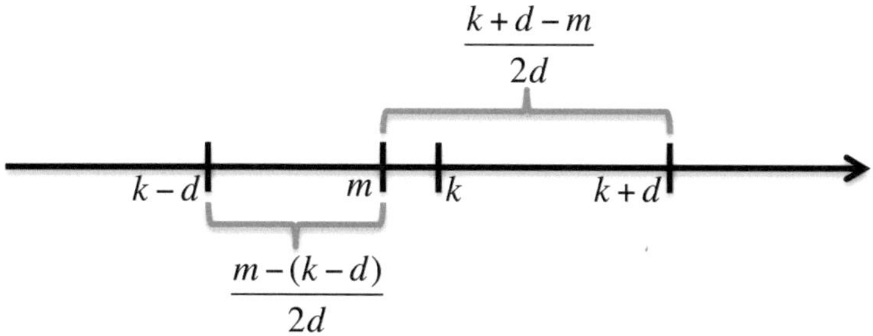

[30] Vgl. Schneider (1997).

Abbildung 3: „Wahrscheinlichkeit der Ertragsumgebung in Abhängigkeit vom Cut-Off m“

Der Bereich rechts (links) von m wird als gute (schlechte) Ertragsumgebung bezeichnet. Es gilt für die Ex-ante-Eintrittswahrscheinlichkeit $q\epsilon[0,1]$ einer guten Ertragsumgebung

Formel 3.1: "Ex-ante Eintrittswahrscheinlichkeit einer guten Ertragsumgebung"

$$q = \frac{k + d - m}{2d}$$

Bevor eine Ertragsumgebung realisiert wird, sendet die Rechnungslegungseinheit ein gutes oder schlechtes Signal, welches die zukünftige Ertragsumgebung indiziert. Die Adjektive „gut“ und „schlecht“ beziehen sich im Zusammenhang mit dem Signal nicht auf deren Qualität, sondern auf die Ertragsumgebung, welche sie jeweils signalisieren. Ein schlechtes Signal ist somit nicht von minderer Qualität als ein gutes Signal, sondern signalisiert im Gegensatz zum guten Signal eine schlechte Ertragsumgebung. Bei tatsächlich guter bzw. schlechter Ertragsumgebung schickt die Rechnungslegungseinheit mit der Wahrscheinlichkeit f_h bzw. f_l ein vorheriges zutreffendes gutes, $j = G$, bzw. zutreffendes schlechtes, $j = B$, Signal und mit der Gegenwahrscheinlichkeit $1 - f_h$ bzw. $1 - f_l$ ein irreführendes schlechtes bzw. irreführendes gutes Signal.

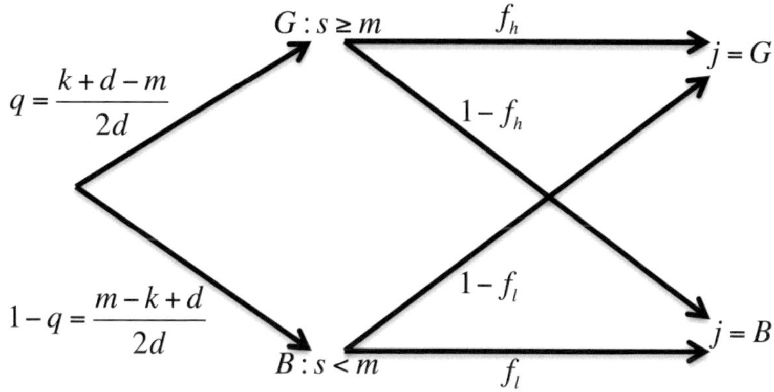

Abbildung 4: „Modellerweiterung um ungenaue Signale“

Im weiteren Verlauf werden die Rechnungslegungsstrategien „Symmetrische Unsicherheit“ ($f_l = f_h = f$) und „Konservative Rechnungslegung“ ($f_l = 1$) gegenüber gestellt. Obwohl die maximal konservative Rechnungslegung $f_l = 1$ nur theoretisch erreichbar ist, wird dieser Wert im weiteren Verlauf des Modells vereinfachungshalber verwendet, um die Unterschiede zur symmetrischen Unsicherheit herauszustellen. Man kann jedoch bei Bedarf anhand der Formeln stets nachvollziehen, welche Auswirkung eine nicht maximal konservative Rechnungslegung mit $f_h < f_l < 1$ hätte. Außerdem wird jeweils ein gegebener Moral Hazard in Bezug auf den ersten bzw. zweiten Agenteneffort angenommen. Für jede Kombinationen aus Rechnungslegungsstrategie (Symmetrische Unsicherheit oder Konservative Rechnungslegung) und Moral Hazard (bezogen auf den ersten oder zweiten Effort) wird für eine jeweilige Lageparameterkonstellation der Verteilungen (geringe Überlappung, keine Überlappung oder große Überlappung) der optimale Cut-Off m und die optimale Rechnungslegungsstrategie ermittelt.

Vorab werden grundsätzliche Überlegungen zum optimalen Cut-Off und zur optimalen Rechnungslegungsstrategie per Rückwärtsinduktion getroffen. Zuerst wird die für die Maximierung des Payoffs in t=4 optimale Entscheidung des Principals, i, in t=3 ermittelt. Damit in t=3 eine möglichst gute Ertragsumgebung herrscht und der Realisierungsbereich möglichst genau eingegrenzt werden kann, muss der Agent in t=2 die beiden hohen Efforts, e_1 und e_2, wählen. Damit er in t=2 die hohen Efforts wählt, muss der Principal in t=1 den Agenten mit einem geeigneten Cut-Off, m, und Gehaltvereinbarung, A_G und A_B, entsprechend anreizen. Die Wahl des Cut-Offs beeinflusst einerseits das erwartete Gehalt, $E(A)$, das der Principal an den Agenten zahlen muss, und andererseits den erwarteten Fehler, $E(F)$, den der Principal bei seiner späteren Entscheidung begehen wird. Da der Principal ein möglichst geringes erwartetes Gehalt an den Agenten zahlen möchte und gleichzeitig einen geringen erwarteten Fehler anstrebt, bedarf es in t=1 eines Vertrags, in dem ein diesbezüglich optimaler Cut-Off m durch den Principal festgelegt wird.

Nachdem der optimale Cut-Off m für einen jeweiligen Moral Hazard, eine bestimmte Parameterkonstellation und ein vorab gewähltes Accountingsystem gefunden wurde, steht die Wahl des Accountingsystems im Fokus. Wie eingangs erwähnt, kann ein Unternehmen trotz Rechnungslegungsvorschriften eine Vielzahl von Maßnahmen anwenden, um gewünschte Verzerrungen zu implementieren. Die Wahl des Accountingsystems wird somit zur strategischen Entscheidung. Um das optimale Accountingsystem zu ermitteln, werden für einen bestimmten Moral Hazard und Parameterkonstellation die erwarteten Payoffs verglichen.

Vergleicht man die beiden Rechnungslegungsstrategien „Symmetrische Unsicherheit“ und „Konservative Rechnungslegung“ fällt auf, dass ohne weitere Annahmen die konservative Rechnungslegung der symmetrischen Unsicherheit überlegen ist, da einer der beiden Unsicherheitsfaktoren bei der konservativen Rechnungslegung mit $f_l = 1$ vollständig ausgeschlossen wurde. Dies würde bedeuten, dass man sein Rechnungslegungssystem kostenlos optimieren kann, welches keine sinnvolle Annahme darstellt. Sinnvoller ist es anzunehmen, dass die Gesamtfehlerwahrscheinlichkeit exogen vorgegeben und stets konstant ist. Die

Gesamtfehlerwahrscheinlichkeit bei symmetrischer Unsicherheit lautet

$$(1 - f_l) + (1 - f_h) = 2 - 2f$$

und bei konservativer Rechnungslegung

$$1 - f_h$$

Für einen Vergleich der Rechnungslegungssysteme muss die Gesamtfehlerwahrscheinlichkeit gleich bleiben und somit muss gelten, dass

Formel 3.2: „Bedingung einer konstanten Gesamtfehlerwahrscheinlichkeit für Vergleiche der Rechnungslegungssysteme“

$$2 - 2f = 1 - f_h <=> f_h = 2f - 1$$

Da zusätzlich $f_h \epsilon (0.5,1]$ gelten muss, damit die Signale sinnvoll verwendet werden können, gilt beim Vergleich der Rechnungslegungssysteme $f \epsilon (0.75,1]$.

3.2 Optimale Entscheidung in t=3

Zur Ermittlung der optimalen Entscheidung in t=3 wird vorerst angenommen, dass die IC-Nebenbedingung des Agenten in t=1 erfüllt wird und dieser somit motiviert ist in t=2 e_{1h} und e_{2h} zu wählen.

Da das vertraglich vereinbarte Gehalt des Agenten in t=1 festgelegt wurde und der Principal das Signal j, auf dessen Grundlage er die Entscheidung i treffen muss, in t=3 erhält, wird das Agentengehalt für die optimale Entscheidung i in t=3 nicht mehr berücksichtigt, sondern nur der daraus resultierende erwartete Bruttopayoff. Da der Principal in t=3 nur das Signal beobachten kann, nicht jedoch die tatsächliche Lage von s bezogen auf m kennt, findet in seinem Kalkül die bedingte Wahrscheinlichkeit, dass eine gute oder schlechte Ertragsumgebung eintritt, gegeben das vorher erhaltene Signal, Verwendung. Die bedingte Wahrscheinlichkeit ist die Wahrscheinlichkeit des korrekten Signals bezogen auf die Gesamtwahrscheinlichkeit dieses Signal zu erhalten. Die Gesamtwahrscheinlichkeit eines Signals umfasst stets den Fall, dass eine bestimmte Ertragsumgebung vorliegt und korrekt reportet wird und dass die gegenteilige Ertragsumgebung vorliegt und falsch reportet wird.

Formel 3.3: "Bedingte Wahrscheinlichkeiten einer guten bzw. schlechten Ertragsumgebung gegeben ein bestimmtes Signal"

$$P(s < m|j = B) = \frac{(1-q) * f_l}{\big((1-q) * f_l\big) + \big(q * (1-f_h)\big)}$$

$$P(s \geq m|j = B) = \frac{q * (1-f_h)}{\big((1-q) * f_l\big) + \big(q * (1-f_h)\big)}$$

$$P(s < m|j = G) = \frac{(1-q)(1-f_l)}{q * f_h + (1-q)(1-f_l)}$$

$$P(s \geq m|j = G) = \frac{q * f_h}{q * f_h + (1-q)(1-f_l)}$$

Der erwartete Bruttopayoff des Principals nach Erhalt von $j = B$ lautet (Herleitung siehe Anhang)

Formel 3.4: „Erwarteter Bruttopayoff gegeben e_{1h} und e_{2h} nach Erhalt von $j = B$“

$$E(RG|j = B) =$$

$$\frac{f_l}{d_h(1 - f_h + f_l) + (-1 + f_h + f_l)(m - k_h)}$$

$$* \begin{pmatrix} \frac{m^2}{2} - \frac{m^2\alpha}{2} - \frac{d_h^2}{2} - \frac{\alpha d_h^2}{2} + m\alpha i_B - \alpha d_h i_B \\ -\alpha i_B^2 + d_h k_h + \alpha d_h k_h + \alpha i_B k_h - \frac{k_h^2}{2} - \frac{\alpha k_h^2}{2} \end{pmatrix}$$

$$+ \frac{1 - f_h}{d_h(1 - f_h + f_l) + (f_h + f_l - 1)(m - k_h)}$$

$$* \left(\frac{1}{2}(m - d_h - k_h)\big((-1 + \alpha)d_h - 2\alpha i_B + (-1 + \alpha)(m + k_h)\big)\right)$$

Dieser nach i_B abgeleitet und gleich null gesetzt, ergibt die optimale Entscheidung gegeben das Signal $j = B$ (Herleitung siehe Anhang)

Formel 3.5: „Optimale Entscheidung i bei e_{1h} und e_{2h} gegeben $j = B$“

$$i_B^* = \frac{(m - d_h)(f_h + f_l - 1) + (1 - f_h + f_l)k_h}{2f_l}$$

Der erwartete Bruttopayoff des Principals nach Erhalt von $j = G$ lautet (Herleitung siehe Anhang)

Formel 3.6: „Erwarteter Bruttopayoff gegeben e_{1h} und e_{2h} nach Erhalt von $j = G$“

$$E(RG|j = G) =$$

$$\frac{f_h(m-k_h)}{d_h(1+f_h-f_l)-1+f_h+f_l}$$

$$*\left(\frac{1}{2}(-m^2(1+\alpha)-(-1+\alpha)d_h^2-2\alpha i_G^2-(-1+\alpha)k_h^2 \atop +2\alpha i_G(m+k_h)+2d_h(\alpha i_G-(-1+\alpha)k_h))\right)$$

$$+\frac{f_l-1}{d_h(f_l-1-f_h)+(f_l-1+f_h)(m-k_h)}$$

$$*\left(\frac{1}{2}(m+d_h-k_h)(-(1+\alpha)d_h-2\alpha i_G+(1+\alpha)(m\right.$$

$$\left.+k_h))\right)$$

Dieser abgeleitet nach i_G und gleich null gesetzt, ergibt die optimale Entscheidung gegeben das Signal $j = G$ (Herleitung siehe Anhang)

Formel 3.7: „Optimale Entscheidung i bei e_{1h} und e_{2h} gegeben $j = G$"

$$i_G^* = \frac{(m+d_h)(f_h+f_l-1)+(1+f_h-f_l)k_h}{2f_h}$$

Mit i_G^* und i_B^* wurden optimale Entscheidungen ermittelt, die bei gegebenen hohen Efforts den erwarteten Fehler des Principals in t=3 minimieren. Für andere Effortkombinationen als e_{1h}, e_{2h} müssen die Indizes von k und d entsprechend angepasst werden.

Fall: $f_h = f_l = f$

Für symmetrische Unsicherheit wird $f_h = f_l = f$ in Formel 3.5 bzw. in Formel 3.7 eingesetzt. Somit folgen die optimalen Entscheidungen bei symmetrischer Unsicherheit

$$i_B = \frac{(-1 + 2f)(m - d_h) + k_h}{2f}$$

$$i_G = \frac{(-1 + 2f)(m + d_h) + k_h}{2f}$$

Bei $f = 1$ ist der Bereich, in dem sich s realisieren wird, sicher. Aufgrund der Gleichverteilung liegt die optimale Entscheidung wie bei Chen et al. in der Mitte zwischen m und der jeweiligen signalisierten Verteilungsgrenze. Je weiter f gegen 0.5 geht, d.h. je unzuverlässiger die Signale sind, umso größer ist die Wahrscheinlichkeit, dass der signalisierte Realisierungsbereich falsch ist. Dadurch rückt die Entscheidung i immer weiter zum a priori Erwartungswert k_h; dies gilt sowohl für ein gutes als auch für ein schlechtes Signal.

Fall: $f_l = 1$

Für konservative Rechnungslegung wird $f_l = 1$ in Formel 3.5 bzw. in Formel 3.7 eingesetzt. Die sich ergebenden optimalen Entscheidungen lauten

$$i_B = \frac{1}{2}(f_h(m - d_h - k_h) + 2k_h)$$

$$i_G = \frac{1}{2}(m + d_h + k_h)$$

In diesem Fall kann sich der Principal bei $j = G$ darauf verlassen, dass tatsächlich eine gute Ertragsumgebung vorliegt und – wie bei Chen et al. – die Mitte zwischen m und $k_h + d_h$ wählen, um den Entscheidungsfehler zu minimieren.

Erhält der Principal das Signal $j = B$, kann dies ein falsches Signal bei tatsächlich guter Ertragsumgebung sein; je wahrscheinlicher dieser Fall ist, d.h. je weiter f_h sinkt, umso näher liegt die optimale Entscheidung an der a priori Verteilungsmitte k_h. Für $f_h = 1$ liegt die optimale Entscheidung i_B wie bei Chen et al. in der Mitte zwischen m und der jeweiligen Verteilungsgrenze.

3.3 Notwendiges Gehalt des Agenten in t=2

Unter Beachtung der Unsicherheit der Signale lautet die neue Nebenbedingung der Incentive Compatibility

Formel 3.8: „IC-Nebenbedingung bei unsicheren Signalen“

$$P(G|e_1, e_2) * (f_h * A_G + (1 - f_h) * A_B)$$

$$+P(B|e_1, e_2) * (f_l * A_B + (1 - f_l) * A_G) - c(e_1, e_2)$$

$$\geq P(G|\tilde{e_1}, \tilde{e_2}) * (f_h * A_G + (1 - f_h) * A_B)$$

$$+P(B|\tilde{e_1}, \tilde{e_2}) * (f_l * A_B + (1 - f_l) * A_G) - c(\tilde{e_1}, \tilde{e_2}), \forall \tilde{e_1}, \tilde{e_2}$$

Hinzugekommen sind die Wahrscheinlichkeiten, dass eine gute bzw. schlechte Ertragsumgebung richtig reportet wird, f_h bzw. f_l, und die dazugehörigen Gegenwahrscheinlichkeiten. Bei einer tatsächlich guten Ertragsumgebung, die mit Wahrscheinlichkeit

$P(G|e_1, e_2)$ eintritt, wird der Agent nicht mehr mit Sicherheit das gute Gehalt A_G erhalten, sondern nur noch mit Wahrscheinlichkeit f_h. Mit der Gegenwahrscheinlichkeit wird nämlich trotz guter Ertragsumgebung ein schlechtes Signal gesendet und der Agent erhält A_B. Analog gilt dies bei tatsächlich schlechter Ertragsumgebung.

Die gewünschten Efforts auf der linken Seite der Ungleichung sind stets die hohen, da der Agent angereizt werden soll sowohl den Erwartungswert zu steigern (e_1) als auch die Schwankung einzuengen (e_2). Die Aufwände auf der rechten Seite der Ungleichung stellen seine niedrigen Alternativaufwände dar. Kann ein Aufwand vom Principal beobachtet werden, so hat der Agent nicht die Wahl abzuweichen, sondern muss den jeweils hohen Aufwand erbringen, da er ansonsten vertraglich bestraft werden würde. Ist der Aufwand jedoch nicht beobachtbar, so muss der Manager dazu angereizt werden, den hohen Aufwand zu wählen.

3.4 Erwarteter Payoff des Principals in t=1

Es wird davon ausgegangen, dass die IC-Nebenbedingung erfüllt ist und der Agent somit die Efforts e_{1h}, e_{2h} wählt. Mit einer a priori Wahrscheinlichkeit von

$$1 - q = \frac{m - (k_h - d_h)}{2d_h}$$

bzw.

$$q = \frac{k_h + d_h - m}{2d_h}$$

tritt eine tatsächlich schlechte bzw. tatsächlich gute Ertragsumgebung ein. Wenn eine tatsächlich gute (schlechte) Ertragsumgebung eintritt, dann liegt der bedingte Erwartungswert von s in der Mitte zwischen dem rechten (linken) Verteilungsrand und m, d.h.

Formel 3.9: "Erwartungswert von s in Abhängigkeit einer tatsächlichen Ertragsumgebung"

$$E(s|G) = \frac{m + k + d}{2}$$

$$E(s|B) = \frac{k - d + m}{2}$$

Bei hohen Effort erhält der Principal im Erwartungswert

$$E(s|G) = \frac{(m + k_h + d_h)}{2}$$

bzw.

$$E(s|B) = \frac{k_h - d_h + m}{2}$$

abzüglich der erwarteten Abweichung zwischen dem realisierten s bei schlechter bzw. guter Ertragsumgebung und seiner Entscheidung i. Die Entscheidung i des Principals hängt davon ab, ob die Ertragsumgebung korrekt signalisiert wurde. Ist beispielsweise die tatsächliche Ertragsumgebung gut (Wahrscheinlichkeit q) und wird dem Principal falsch signalisiert, sodass dieser von einer schlechten Ertragsumgebung ausgeht, so wählt er ein optimales i_B, welches im Bereich von $k_h - d_h$ bis m liegt. Das tatsächliche s wird sich jedoch im Bereich von m bis $k_h + d_h$ realisieren. Daher erleidet der Principal einen Verlust in Höhe der Abweichung seiner Entscheidung i_B zu s gewichtet mit dem Faktor α zuzüglich dem zu zahlenden Gehalt bei signalisierter schlechter Ertragsumgebung A_B über die Dichtefunktion

$$\frac{1}{k_h + d_h - m}$$

von m bis $k_h + d_h$, also den Verlust

$$\int_m^{k_h+d_h} \frac{\alpha * (s - i_B) + A_B}{k_h + d_h - m} ds$$

Um den erwarteten Payoff des Principals zu berechnen, werden die Eintrittswahrscheinlichkeiten der guten und schlechten Ertragsumgebung mit den sich daraus ergebenden Erwartungswerten für s gewichtet abzüglich der gewichteten Fehler, die durch die Principalentscheidung bei richtigem und falschem Signal gemacht werden und abzüglich des Gehalts des Agenten. Der erwartete Payoff des Principals lautet somit (Herleitung siehe Anhang)

Formel 3.10: „Erwarteter Payoff bei Efforts e_{1h}, e_{2h} mit Überrand-Cut-Off“

$$E(R|e_{1h}, e_{2h}) = E(R) = \frac{1}{8d_h f_h f_l} *$$

$$\left(\begin{array}{c} \alpha(-1+f_l)^2 f_l (m + d_h - k_h)^2 + \alpha f_h^3 (-m + d_h + k_h)^2 \\ -f_h^2 (m - d_h - k_h)(2m\alpha + (m\alpha + 4A_B - 4A_G) f_l + \alpha d_h (-2 + 3f_l) - \alpha(2 + f_l) k_h) \\ +f_h \big(\alpha d_h^2 (1 + f_l(-8 + 3f_l)) - 1 + f_l\big)(m - k_h) \begin{pmatrix} m\alpha + (m\alpha + 4A_B - 4A_G) f_l \\ -\alpha(1 + f_l) k_h \end{pmatrix} + \\ 2d_h \big(-2A_B f_l (1 + f_l) + (-1 + f_l)(m\alpha + (m\alpha + 2A_G) f_l) + \big(\alpha + f_l(4 - \alpha f_l)\big) k_h\big) \end{array} \right)$$

Bei sicheren Signalen, d.h. $f_l = f_h = 1$, ergibt sich der von Chen et al. ermittelte erwartete Payoff

$$E(R_{f_l=f_h=1}) = k_h - \frac{\alpha((m-k_h)^2 + d_h^2) + 2A_G(d_h + k_h - m)}{4d_h}$$

Ein Spezialfall entsteht, wenn der Principal den Cut-Off auf den unteren Rand der oberen Verteilung, nämlich $k_h - d_h$, setzt. Dieser Fall wird im Folgenden als „Rand-Cut-Off" bezeichnet und in Abgrenzung dazu werden die anderen Fälle als „Überrand-Cut-Off" bezeichnet. Da die IC-Nebenbedingung weiterhin annahmegemäß erfüllt ist, weiß der Principal, dass der Agent e_{1h} und e_{2h} wählt und somit in diesem Spezialfall eine tatsächlich schlechte Ertragsumgebung nicht eintreten kann. Sollte der Principal dennoch das Signal $j = B$ erhalten, so kann er sich sicher sein, dass es sich um ein falsches Signal handelt. Der Principal wird bei Rand-Cut-Off trotz schlechtem Signal die Entscheidung i_G treffen, aber den Agenten mit A_B vergüten[31]. Der erwartete Payoff des Principals lautet für diesen Fall (Herleitung siehe Anhang)

Formel 3.11: „Erwarteter Payoff bei Efforts e_{1h}, e_{2h} und Rand-Cut-Off"

$$E\left(R_{m=k_h-d_h}\right) = k_h - \frac{\alpha d_h}{2} - (1-f_h)A_B - f_h A_G$$

Der erwartete Payoff wird im Wesentlichen von zwei Erwartungswerten bestimmt: Dem erwarteten Gehalt des Agenten und dem erwarteten Fehler. Im Folgenden werden diese beiden Erwartungswerte genauer untersucht.

[31] Andernfalls hätte dies einen Fehlanreiz des Agenten zur Folge; zudem war das Risiko eines falschen Signals im vertraglich vereinbarten Gehalt A_G eingepreist.

3.4.1 Erwartetes Gehalt des Agenten

Die a priori Wahrscheinlichkeiten für eine gute und schlechte Ertragsumgebung lauten gemäß Formel 2.1 unter der Annahme, dass der Agent angereizt wird die hohen Aufwände e_{1h}, e_{2h} zu wählen:

Formel 3.12: "Wahrscheinlichkeit einer guten bzw. schlechten Ertragsumgebung bei hohen Efforts"

$$P(G|e_h) = \frac{k_h + d_h - m}{2d_h}$$

$$P(B|e_h) = \frac{m - (k_h - d_h)}{2d_h}$$

Die Wahrscheinlichkeiten diese Ertragsumgebungen richtig zu erkennen lauten f_h und f_l. Somit ergibt sich das erwartete Gehalt des Agenten als

Formel 3.13: „Erwartetes Gehalt des Agenten bei e_{1h}, e_{2h}“

$$E(A) = \left(P(G|e_h) * f_h + P(B|e_h) * (1 - f_l)\right) * A_G$$

$$+\left(P(B|e_h) * f_l + P(G|e_h) * (1 - f_h)\right) * A_B$$

Mit $A_B = 0$ folgt

$$E(A) = \left(P(G|e_h) * f_h + P(B|e_h) * (1 - f_l)\right) * A_G$$

$$= \left(\frac{k_h + d_h - m}{2d_h} * f_h + \frac{m - (k_h - d_h)}{2d_h} * (1 - f_l)\right) * A_G$$

Fall: $f_h = f_l = f$

Wenn A_G unabhängig von m ist[32], so lautet im Fall der symmetrischen Unsicherheit die Ableitung des erwarteten Gehalts nach m

$$\frac{dE(A)}{dm} = \frac{(1 - 2f)A_G}{2d_h} < 0$$

und eine Erhöhung von m führt zu einer Verringerung des erwarteten Gehalts.

Wenn A_G abhängig von m ist, fordert der Agent für die höhere Hürde zur Erreichung einer guten Ertragsumgebung ein höheres A_G, jedoch sinkt die Wahrscheinlichkeit das A_G zahlen zu müssen. Aus diesen gegenläufigen Tendenzen geht ein optimaler Wert für ein minimales erwartetes Gehalt hervor.

[32] Das vertraglich vereinbarte Gehalt A_G beeinflusst zusammen mit den Eintrittswahrscheinlichkeiten für eine gute und schlechte Ertragsumgebung das erwartete Gehalt des Agenten. Wie sich später zeigen wird, existieren Verteilungsbereiche, in denen mit einem Senken von m die Chance des Agenten erhöht wird durch e_{1h} eine gute Ertragsumgebung zu realisieren, weswegen der Agent zu hohem Effort weniger motiviert werden muss; der Agent aber andererseits bessere Chancen hat mit e_{1l} eine gute Ertragsumgebung zu erreichen, weswegen er stärker motiviert werden muss e_{1h} zu wählen. Diese beiden gegenläufigen Effekte heben sich auf, sodass er ein von m unabhängiges A_G verlangt.

Fall: $f_l = 1$

Wenn A_G unabhängig von m ist, dann lautet im Fall der konservativen Rechnungslegung die Ableitung des erwarteten Gehalts nach m

$$\frac{dE(A)}{dm} = -\frac{A_G f_h}{2d_h} < 0$$

und eine Erhöhung von m führt zu einem niedrigeren erwarteten Gehalt.

Wenn A_G abhängig von m ist, fordert der Agent für die höhere Hürde zur Erreichung einer guten Ertragsumgebung ein höheres A_G, jedoch sinkt weiterhin die Wahrscheinlichkeit das A_G zahlen zu müssen. Aus diesen gegenläufigen Tendenzen geht auch hier ein optimaler Wert für ein minimales erwartetes Gehalt hervor.

3.4.2 Erwarteter Fehler

Der erwartete Fehler stellt den anderen wichtigen Treiber für einen optimalen Cut-Off m dar. Da der Principal allein auf der Grundlage des Signals seine Entscheidung i treffen muss und dabei einen möglichst geringen erwarteten Fehler begehen möchte, da der Fehler mit dem Faktor α linear und zu beiden Abweichungsseiten gleichermaßen seinen erwarteten Payoff verringert, wird der Principal bei ausschließlicher Berücksichtigung des erwarteten Fehlers den Cut-Off derart wählen, dass das spätere Signal maximal informativ ist (Herleitung siehe Anhang).

Formel 3.14: „Erwarteter Fehler der Entscheidung i“

$$E(F) = -\frac{\alpha\begin{pmatrix} f_h * \left(d_h^2\left(1 + f_l(-8 + 3f_l)\right) + 2d_h\left(-1 + f_l^2\right)(m - k_h) - \left(-1 + f_l^2\right)(m - k_h)^2\right) \\ -f_h^2 * \left(d_h(-2 + 3f_l) + (2 + f_l)(m - k_h)\right)(m - d_h - k_h) \\ +(-1 + f_l)^2 f_l(m + d_h - k_h)^2 + f_h^3(-m + d_h + k_h)^2 \end{pmatrix}}{8d_h f_h f_l}$$

Der erwartete Fehler hängt von der jeweiligen a-priori-Eintrittswahrscheinlichkeit einer guten bzw. Ertragsumgebung und der Wahrscheinlichkeit eines korrekten bzw. inkorrekten Signals sowie der daraus folgenden optimalen Entscheidung i ab.

Fall: $f_h = f_l = f$

Bei symmetrischer Unsicherheit erhält man für den erwarteten Fehler

Formel 3.15: „Erwarteter Fehler bei symmetrischer Unsicherheit“

$$E(F) = -\frac{\alpha((1 - 6f + 4f^2)d_h^2 - (-1 + 2f)(m - k_h)^2)}{4fd_h}$$

Abgeleitet nach m und gleich null gesetzt erhält man den optimalen Cut-Off in Bezug auf die Fehlerminimierung, welcher unabhängig von f bei

Formel 3.16: „Optimaler Cut-Off zur Minimierung des erwarteten Fehlers bei symmetrischer Unsicherheit“

$$\frac{dE(F)}{dm} = 0 <=> \frac{(-1 + 2f)\alpha(m - k_h)}{2fd_h} = 0 <=> m = k_h$$

liegt. Wäre die Minimierung des erwarteten Fehlers das einzige Ziel des Principals, so würde er bei symmetrischer Unsicherheit für den Cut-Off den Erwartungswert der Verteilung $m = k_h$ wählen. Da der Principal zusätzlich das Ziel hat ein möglichst geringes erwartetes Gehalt an den Agenten zu zahlen, wird er mit dem Cut-Off vom Erwartungswert k_h solange abweichen, wie das erwartete Gehalt bei einem Cut-Off unter oder über dem Erwartungswert stärker sinkt als der erwartete Fehler zunimmt.

Fall: $f_l = 1$

Bei konservativer Rechnungslegung lautet der erwartete Fehler

Formel 3.17: „Erwarteter Fehler bei konservativer Rechnungslegung"

$$E(F) = -\frac{\alpha(d_h^2(-4 + f_h + f_h^2) - 2d_h(-1 + f_h)f_h(m - k_h) + (-3 + f_h)f_h(m - k_h)^2)}{8d_h}$$

Abgeleitet nach m und gleich null gesetzt, erhält man den optimalen Cut-Off in Bezug auf die Fehlerminimierung

Formel 3.18: „Optimaler Cut-Off zur Minimierung des erwarteten Fehlers bei konservativer Rechnungslegung"

$$\frac{dE(F)}{dm} = 0 <=> \frac{\alpha f_h\big(d_h(-1 + f_h) - (-3 + f_h)(m - k_h)\big)}{4d_h} = 0$$

$$<=> m = k_h + d_h(1 + \frac{2}{-3 + f_h})$$

Nur für $f_h = 1$ ist der optimale Cut-Off $m = k_h$, ansonsten liegt er über k_h und sinkt in f_h. Dieses Ergebnis scheint zunächst überraschend. Denn für ein sinkendes f_h ist das Signal $j = B$ immer weniger informativ und der Principal kann a priori eher davon ausgehen, eine negative Ertragsumgebung signalisiert zu bekommen. Um diesen Effekt zu kompensieren, könnte man vermuten, dass er den Bereich der negativen Ertragsumgebung gering wählt, um so bei dem wahrscheinlicheren Signal $j = B$ seine Entscheidung in einem kleineren Bereich zu treffen und einen größeren Bereich für das überraschende Signal $j = G$ vorzuhalten, bei dem er dann mit hoher Sicherheit von einer tatsächlich guten Ertragsumgebung ausgehen kann.

Der Principal setzt seinen Cut-Off jedoch kontraintuitiv aufgrund folgender Überlegung. Sobald er das Signal $j = B$ erhält, wird er berechtigterweise anzweifeln, ob tatsächlich eine schlechte Ertragsumgebung vorliegt. Sein Risiko in diesem Fall besteht darin, die Entscheidung i im Bereich der schlechten Umgebung zu wählen, wobei häufig eine tatsächlich gute Ertragsumgebung vorliegt. Je weiter links er den Cut-Off wählt, umso häufiger wird er ein fälschlicherweise schlechtes Signal erhalten, denn die Wahrscheinlichkeit einer guten Umgebung vergrößert sich und der Fehler $(1 - f_h)$ bleibt gleich. Er wird dann aufgrund der fälschlicherweise schlechten Signale häufiger ein i_B wählen, damit falsch liegen und insgesamt häufigere und höhere Abweichungsfehler erfahren. Indem der Cut-Off jedoch etwas größer als k_h gewählt wird, wird die Eintrittswahrscheinlichkeit für eine schlechte Ertragsumgebung vergrößert. Damit ist zwar das Signal $j = B$ weniger informativ, aber die Abweichung seiner darauffolgenden Entscheidung von der Realisierung fallen nicht so gravierend aus.

4 Ergebnisse

4.1 Optimaler Cut-Off

Die IC-, LL- und IR-Nebenbedingung werden durch die Wahl von A_G und A_B erfüllt. Wie gezeigt wurde, beeinflusst die Wahl von m zwei Größen: Erstens das erwartete Gehalt des Agenten und zweitens den erwarteten Fehler der Entscheidung i. Da der Principal auf der einen Seite einen möglichst geringen erwarteten Fehler begehen möchte und auf der anderen Seite ein möglichst geringes erwartetes Gehalt zahlen möchte, wird er seinen Cut-Off solange anpassen, wie dadurch ein Erwartungswert stärker sinkt als der andere Erwartungswert steigt. Anders ausgedrückt ist im Optimum dic Ableitung des erwarteten Gehalts gleich der Ableitung des erwarteten Fehlers mit umgekehrtem Vorzeichen.

Formel 4.1: „Bedingung für optimalen Cut-Off m"

$$\frac{dE(A)}{dm} = -\frac{dE(F)}{dm}$$

Fall: $f_h = f_l = f$

Bei der symmetrischen Unsicherheit ist bereits bekannt, dass der Cut-Off $m = k_h$ den erwarteten Fehler minimiert. Notwendige Bedingung für ein Abweichen von diesem Wert ist also, dass sich das erwartete Gehalt verringert. Bleibt es gleich oder erhöht es sich gar, so hat der Principal keinen Anreiz von $m = k_h$ abzuweichen, denn der erwartete Fehler würde sich in jedem Fall erhöhen. Hinreichende Bedingung für ein Abweichen von $m = k_h$ ist, dass das erwartete Gehalt stärker sinkt, als der erwartete Fehler steigt. Der Principal wählt den Cut-Off m somit in einem

Spannungsfeld zwischen dem geringsten erwarteten Fehler bei $m = k_h$ und dem Wert des geringsten erwarteten Gehalts des Agenten, um somit insgesamt seinen erwarteten Payoff zu maximieren.

Fall: $f_l = 1$

Bei der konservativen Rechnungslegung wurde bereits gezeigt, dass der Cut-Off

$$m = k_h + d_h(1 + \frac{2}{-3 + f_h})$$

den erwarteten Fehler minimiert. Auch hier ist hinreichende Bedingung, dass beim Abweichen von diesem Wert das erwartete Gehalt stärker sinkt als der erwartete Fehler steigt. Daher wählt der Principal den Cut-Off m in einem Spannungsfeld zwischen dem geringsten erwarteten Fehler und dem Wert des geringsten erwarteten Gehalts des Agenten, um somit insgesamt seinen erwarteten Payoff zu maximieren.

Im Folgenden werden für die Kombinationen von Moral Hazard, den Lageparametern der Verteilung und der Art der Rechnungslegung stets unter Berücksichtigung der unsicheren Signale der jeweils optimale Cut-Off und erwartete Payoff ermittelt. Da das Unternehmen – wie eingangs erwähnt wurde – die Rechnungslegungsverzerrung selbst bestimmen kann, wird diese Wahl als strategische Entscheidung des Unternehmens aufgefasst, bei der es sich je nach Konstellation von Moral Hazard und Lageparameter der Verteilung für diejenige Rechnungslegung entscheidet, die den erwarteten Payoff maximiert.

4.2 Ohne Moral Hazard

Wenn der Principal die Arbeit des Agenten beobachten kann, liegt eine Situation ohne Moral Hazard vor. Der Principal wird in t=3 wissen, welche Efforts der Agent in t=2 aufgewandt hat. Daher bietet er dem Agenten in t=1 einen Vertrag an, der den Agenten für die Kombination e_{1h}, e_{2h} mit dem Gehalt A_G vergütet und sonst A_B. Gemäß der IR-Nebenbedingung muss gelten

$$A_G - c_1 - c_2 \geq \underline{U} = 0$$

damit der Agent den Vertrag annimmt. Der Principal wird stets das kleinstmögliche A_G wählen, in diesem Fall $A_G = c_1 + c_2$ und in jedem Fall zahlen, unabhängig vom Signal[33]. Insofern ist in der Formel 3.10 das Gehalt bei schlechtem Signal gleich dem Gehalt bei gutem Signal $A_B = A_G = c_1 + c_2$ und der erwartete Payoff lautet (Herleitung siehe Anhang)

Formel 4.2: „Erwarteter Payoff ohne Moral Hazard"

$$E(R) =$$

$$\frac{1}{8d_h f_h f_l \left(\begin{array}{c} -\alpha f_h^2\big(d_h(-2+3f_l) + (2+f_l)(m-k_h)\big)(m-d_h-k_h) \\ +\alpha(-1+f_l)^2 f_l (m+d_h-k_h)^2 + \alpha f_h^3(-m+d_h+k_h)^2 \\ +f_h \left(\begin{array}{c} \alpha d_h^2\big(1+f_l(-8+3f_l)\big) - \alpha(-1+f_l^2)(m-k_h)^2 \\ +2d_h\big(-m\alpha + f_l(-4(c_1+c_2) + m\alpha f_l) + \big(\alpha + f_l(4-\alpha f_l)\big)k_h\big) \end{array} \right) \end{array} \right)}$$

[33] Der Principal könnte das Gehalt des Agenten auch in diesem Fall vom Signal abhängig machen, jedoch müsste er dem Agenten für die Verminderung der Wahrscheinlichkeit trotz hohen Efforts gut reportet zu werden einen entsprechenden Aufschlag zahlen, sodass er dem Agenten im Erwartungswert stets A_G zahlt.

Fall: $f_h = f_l = f$

Nimmt man an, dass das Unternehmen keine systematische Verzerrung implementiert hat, sind die Wahrscheinlichkeiten für ein korrektes gutes und korrektes schlechtes Signal gleich groß und es gilt $f_h = f_l = f$. Setzt man dies in den allgemein erwarteten Payoff ohne Moral Hazard gemäß Formel 4.2 ein, ergibt sich der erwartete Payoff bei symmetrischer Unsicherheit

Formel 4.3: „Erwarteter Payoff ohne Moral Hazard bei symmetrischer Unsicherheit“

$$E(R) = \frac{\begin{array}{c}(1-2f)m^2\alpha + d_h(-4f(c_1+c_2) + (1-6f+4f^2)\alpha d_h) \\ +2((-1+2f)m\alpha + 2fd_h)k_h + (1-2f)\alpha k_h^2\end{array}}{4fd_h}$$

Der Cut-Off m, der den erwarteten Payoff maximiert, lautet

$$\frac{dE(R)}{dm} = 0 <=> \frac{2(1-2f)m\alpha + 2(-1+2f)\alpha k_h}{4fd_h} = 0 <=> m = k_h$$

weil zusätzlich gilt

$$\frac{d^2E(R)}{dm^2} = \frac{(1-2f)\alpha}{2fd_h} < 0$$

Zusammengefasst kann man feststellen: Der Cut-Off entspricht dem von Chen et al. berechneten optimalen Cut-Off. Da das optimale m im Fall ohne Moral Hazard nur eine Auswirkung auf den erwarteten Fehler hat, nicht jedoch auf das erwartete Gehalt, denn dieses hängt nur von den beobachtbaren Aufwänden ab, befindet sich der optimale Cut-Off dort, wo der erwartete Fehler minimiert wird.

Fall: $f_l = 1$

Im Fall der konservativen Rechnungslegung gewichtet die Rechnungslegungseinheit Informationen über eine zukünftig schlechte Ertragsumgebung maximal. Dadurch wird bei zukünftig schlechter Ertragsumgebung mit Sicherheit ein schlechtes Signal empfangen. Diese Wahrscheinlichkeit $f_l = 1$ eingesetzt in Formel 4.2 ergibt

Formel 4.4: „Erwarteter Payoff ohne Moral Hazard bei konservativer Rechnungslegung"

$$E(R) =$$

$$\frac{\begin{array}{c}-8c_1 d_h - 8c_2 d_h + \alpha\left(-4d_h^2 + (-m + d_h)(3m + d_h)f_h + (m - d_h)^2 f_h^2\right) \\ +2\left(-m\alpha(-3 + f_h)f_h + d_h(4 + \alpha(-1 + f_h)f_h)\right)k_h + \alpha(-3 + f_h)f_h k_h^2\end{array}}{8d_h}$$

Für einen Cut-Off m, der diesen erwarteten Payoff maximiert, muss gelten

$$\frac{dE(R)}{dm} = 0$$

$$<=>$$

$$\frac{\alpha(3(-m + d_h)f_h - (3m + d_h)f_h + 2(m - d_h)f_h^2) - 2\alpha(-3 + f_h)f_h k_h}{8d_h} = 0$$

$$<=> m = k_h + d_h(1 + \frac{2}{-3 + f_h})$$

Zusammengefasst lässt sich feststellen: Der optimale Cut-Off liegt um $d_h(1 + \frac{2}{-3+f_h})$ über dem von Chen et al. Da das optimale m hier eine Auswirkung auf den erwarteten Fehler hat, nicht jedoch auf das erwartete Gehalt, befindet sich der optimale Cut-Off dort, wo der erwartete Fehler minimiert wird.

4.3 Mit Moral Hazard nur beim erwartungswertbeeinflussenden Aufwand

Eine gute Leistung steigert zwar die Wahrscheinlichkeit ein gutes Ergebnis zu erzielen, jedoch ist es möglich ein schlechtes Ergebnis trotz guter Leistung zu erzielen. Außerdem kann es gleichzeitig auch möglich sein trotz schlechter Leistung ein gutes Ergebnis zu erzielen. Der Principal ist zwar mehr am Ergebnis als an der Leistung des Agenten interessiert, aber er weiß auch, dass der Agent nur begrenzten Einfluss auf das Ergebnis hat und eine möglichst gute Leistung zu erbringen alles ist, was der Agent tun kann, um die Wahrscheinlichkeit eines guten Ergebnisses zu erhöhen. Insofern hätte der Agent bei Erbringung guter Leistung unabhängig vom Ergebnis ein besseres Gehalt verdient als bei einer schlechten Leistung, sogar wenn auf diese dann ein gutes Ergebnis folgen würde.

In der Praxis ist es jedoch nicht möglich die Managementleistung und alle damit verbundenen Aufgaben gut zu beurteilen. Zum einen liegt es an der Struktur der Aufgaben. Jede Aufgabe, wie beispielsweise die Steigerung der Nachfrage, unterteilt sich wiederum in viele Teilaufgaben, die in einer Vielzahl von Reihenfolgen abgearbeitet werden können, Rückkoppelungen haben und von denen die Gesamtheit, jeweilige Dauer und Schwierigkeit im Vorhinein nicht bekannt ist. Außerdem gibt es nicht für jede Teilaufgabe eine direkte Rückmeldung über deren Erfolg oder die Rückmeldung ist von außen nicht beobachtbar, wie beispielsweise eine gute Marketingidee oder eine erfolgreiche Verhandlung mit einem Geschäftspartner. Zum anderen sind die Opportunitätskosten des Principals für eine ständige Beobachtung zu hoch. Selbst wenn es gelänge die Ergebnisse aller Teilaufgaben zu beobachten und ein entsprechender Beurteilungsmaßstab vorhanden wäre, hat der Principal den Manager ja gerade eingestellt, weil der Manager eine Aufgabe besser erledigen kann oder dies dem Principal ermöglicht sich anderen Aufgaben zu widmen. Zusammengefasst erwächst aus dem Charakteristikum der Aufgaben und der unvollständigen Beurteilbarkeit der Managerleistung ein Fehlanreiz des Managers sich unter Umständen[34] weniger oder gar nicht anzustrengen.

Im vorliegenden Fall kann der Principal zwar die Anstrengung e_2, nicht jedoch die Anstrengung e_1, beurteilen. Dies könnte der Fall sein, wenn der Principal sich besonders gut mit dem Aufgabengebiet der Anstrengung e_2 auskennt oder die zugehörigen Aufgaben wohldefiniert und nicht zu umfangreich sind. Bei einer Produktvermarktung mit geringem Innovationsanteil – beispielsweise der Variation im Geschmack eines Lebensmittels – erhebt man üblicherweise im Vorfeld eine Meinungsumfrage[35]. Der daraus abgeleitete Nachfragebereich lässt sich durch Erhöhung der Stichprobe einengen. In diesem Beispiel kann der Principal den Aufwand e_2 des Agenten gut beobachten.

Um den Agenten zu motivieren e_{1h} zu wählen, und damit den Erwartungswert der Verteilung von k_l auf k_h zu steigern, muss der Erwartungswert seiner Nettovergütung, d.h. abzüglich der entstehenden Grenzkosten, im Fall der Anstrengung mindestens so hoch sein wie der Erwartungswert seiner Nettovergütung ohne Anstrengung[36]. Der Erwartungswert seiner Bruttovergütung bildet sich aus der Wahrscheinlichkeit, dass eine gute oder schlechte Ertragsumgebung eintritt (abhängig vom Cut-Off m) gewichtet mit der Wahrscheinlichkeit, dass die jeweilige Umgebung korrekt signalisiert wird (da der Agent nur anhand des Signals vergütet wird) und dem daraus resultierenden Gehalt. Da der Aufwand e_2 beobachtbar ist, wird der Agent diesen und die damit verbundenen Kosten c_2 in jedem Fall aufwenden; somit ist die Schwankung der Verteilung d_h. Für den nichtbeobachtbaren Aufwand e_1

---

[34] Ob der Fehlanreiz tatsächlich existiert hängt von den Grenzkosten des Managers ab.

[35] Vgl. Bruhn (2014), Kennerknecht et al. (2007).

[36] Richtigerweise ist der Agent bei diesem Wert indifferent zwischen Anstrengung und Nichtanstrengung. Zur Motivation bedarf es zusätzlich eines $\epsilon > 0$, welches jedoch infinitesimal klein sein darf und auf welches daher aus Vereinfachungsgründen verzichtet wird.

entstehen nur dann die Kosten c_1, wenn der Agent einen Anreiz hat den hohen Aufwand zu leisten. Um den Agenten anzureizen für beide Aufgaben die hohen Aufwände zu wählen, muss die Bedingung gemäß Formel 3.8 (Herleitung siehe Anhang)

Formel 4.5: „IC-Nebenbedingung bei e_1-Moral Hazard“

$$A_G \geq \frac{2c_1 d_h}{(-1 + f_h + f_l)(k_h - k_l)}$$

erfüllt sein. Anhand der Formel erkennt man, dass der Anreiz eine gute Leistung zu erbringen in diesem Fall nicht von m abhängt. Der Cut-Off steuert hier nur die erwartete Entlohnung und den erwarteten Fehler.

Fall: $f_h = f_l = f$

Für die symmetrische Unsicherheit setzt man $f_h = f_l = f$ in Formel 4.5 und erhält das Gehalt

Formel 4.6: „Gehalt bei e_1-Moral Hazard und symmetrischer Unsicherheit“

$$A_G \geq \frac{2c_1 d_h}{(-1 + 2f)(k_h - k_l)}$$

Eine Verringerung der Signalunzuverlässigkeit, d.h. ein Sinken von f, wirkt zweifach gegen einen hohen Agenteneffort. Erstens besteht für den Agenten das Risiko bei einer guten Ertragslage schlecht reportet zu werden mit Wahrscheinlichkeit $1 - f$ und zweitens besteht die Chance bei einer schlechten Ertragslage gut reportet zu werden, ebenfalls mit der Wahrscheinlichkeit $1 - f$. Der bei sinkendem f sinkende Anreiz sich anzustrengen muss mit steigendem A_G kompensiert werden.

Fall: $f_l = 1$

Für konservative Rechnungslegung setzt man $f_l = 1$ in die Formel 4.5 und erhält das Gehalt

Formel 4.7: „Gehalt bei e_1-Moral Hazard und konservativer Rechnungslegung"

$$A_G \geq \frac{2c_1 d_h}{f_h(k_h - k_l)}$$

Es besteht für den Agenten nur das Risiko bei einer guten Ertragslage schlecht reportet zu werden. Nicht mehr jedoch besteht die Chance fälschlicherweise gut reportet zu werden bei einer schlechten Ertragsumgebung. Daher steigt A_G mit sinkendem f_h.

Im Rahmen des e_1-Moral Hazard wird für unsichere Signale bei konservativer Rechnungslegung scheinbar weniger Gehalt gezahlt als bei symmetrischer Unsicherheit, denn wenn die Signalzuverlässigkeit in beiden Fällen sinkt (f geht gegen 0.5 bzw. f_h geht gegen 0.5), steigt das Gehalt des Agenten bei symmetrischer Unsicherheit stärker. Jedoch muss für diesen Vergleich die Formel 3.2 beachtet werden. Annahmegemäß kann die Gesamtfehlerwahrscheinlichkeit nicht verändert werden. Vergleicht man die Gehälter im Fall eines positiven Signals, so sind sie gleich hoch, wenn die Gesamtfehlerwahrscheinlichkeit konstant bleibt, wenn also folgende Bedingung erfüllt ist

$$\frac{2c_1 d_h}{(-1 + 2f)(k_h - k_l)} = \frac{2c_1 d_h}{f_h(k_h - k_l)} <=> \frac{1}{(-1 + 2f)} = \frac{1}{f_h}$$

4.3.1 Geringe Überlappung der Verteilungen

Wir beginnen die Analyse bei e_1-Moral Hazard mit einer Verteilung der Lageparameter derart, dass sich die beiden Verteilungen zwar schneiden ($k_h \leq k_l + 2d_h$), aber der Erwartungswert im Fall e_{1h} außerhalb der Verteilung im Fall e_{1l} liegt ($k_l + d_h \leq k_h$). Einen Aufwand e_{2h} wird der Agent in jedem Fall wählen, da dieser Aufwand durch den Principal beobachtbar ist und die dem Agenten entstehenden Kosten vergütet werden.

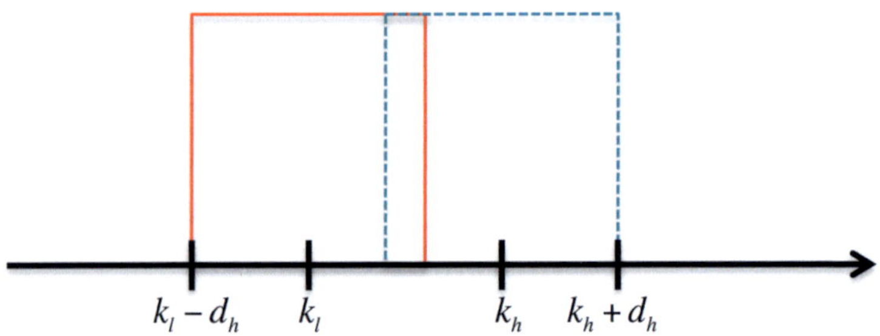

Abbildung 5: „Beispielhafte Darstellung der Verteilungsparameter für e_1-MH und $k_l + d_h \leq k_h \leq k_l + 2d_h$"

Zuerst wird angenommen, dass der Principal den Cut-Off über den rechten Rand der unteren Verteilung ($m \geq k_l + d_h$) setzt. So kann der Agent mit e_{1l} keine gute Ertragsumgebung erreichen und es gilt

Formel 4.8: "Wahrscheinlichkeit einer guten bzw. schlechten Ertragsumgebung bei geringem Aufwand e_1 für $m \geq k_l + d_h$"

$$P(G|e_{1l}, e_{2h}) = 0$$

$$P(B|e_{1l}, e_{2h}) = 1$$

Die daraus resultierende Vergütung des Agenten gemäß Formel 4.5 lautet

Formel 4.9: „Gehalt bei e_1-MH und $k_h \geq k_l + d_h$ wenn $m \geq k_l + d_h$"

$$\frac{k_h + d_h - m}{2d_h}(f_h * A_G + (1 - f_h) * A_B)$$

$$+\frac{m - (k_h - d_h)}{2d_h}(f_l * A_B + (1 - f_l) * A_G) - c_1 - c_2$$

$$\geq 0 * (f_h * A_G + (1 - f_h) * A_B) + 1 * (f_l * A_B + (1 - f_l) * A_G) - c_2$$

$$<=> A_{G_{m \geq k_l + d_h}} \geq \frac{2c_1 d_h}{(-1 + f_h + f_l)(-m + d_h + k_h)}$$

Fall: $f_h = f_l = f$

Für symmetrische Unsicherheit lautet die IC-Nebenbedingung gemäß Formel 4.9

Formel 4.10: „IC-Nebenbedingung bei e_1-MH, SU und $k_h \geq k_l + d_h$"

$$A_{G_{m \geq k_l + d_h}} \geq \frac{2c_1 d_h}{(-1 + 2f)(-m + d_h + k_h)}$$

Um den optimalen Cut-Off zu bestimmen, muss die Formel 4.1 erfüllt sein. Gemäß Formel 3.16 ist der erwartete Fehler für $m = k_h$ minimal. Damit der erwartete Payoff an dieser Stelle optimal ist, müsste das erwartete Gehalt des Agenten für $m = k_h$ kleiner sein als für alle $m \neq k_h$. Ansonsten könnte der Principal einen Anreiz haben vom fehlerminimierenden Cut-Off abzuweichen, um ein geringeres erwartetes Agentengehalt gegen einen größeren erwarteten Fehler seiner Entscheidung zu tauschen.

Das Gehalt $A_{G_{m\geq k_l+d_h}}$ mit $m = k_h$ in Formel 3.13 eingesetzt, ergibt das erwartete Gehalt (Herleitung siehe Anhang)

Formel 4.11: „Erwartetes Gehalt bei e_1-MH, SU und $m = k_h \geq k_l + d_h$“

$$E(A_{m=k_h\geq k_l+d_h}) = \frac{c_1}{-1+2f}$$

Das Gehalt $A_{G_{m\geq k_l+d_h}}$ mit $m = k_h + x$ wobei $0 < x < d_h$ in Formel 3.13 eingesetzt ergibt das erwartete Gehalt (Herleitung siehe Anhang)

Formel 4.12: „Erwartetes Gehalt bei e_1-MH, SU und $m = k_h + x \geq k_l + d_h$“

$$E(A_{m=k_h+x\geq k_l+d_h}) = \frac{c_1((-1+2f)x - d_h)}{(-1+2f)(x-d_h)}$$

Wenn gilt

$$E(A_{m=k_h+x\geq k_l+d_h}) > E(A_{m=k_h\geq k_l+d_h})$$

$$<=> \frac{c_1((-1+2f)x - d_h)}{(-1+2f)(x-d_h)} > \frac{c_1}{-1+2f} <=> \frac{(-1+2f)x - d_h}{(x-d_h)} > 1$$

$$<=> (-1+2f) < 1 <=> f < 1$$

liegt das erwartete Gehalt für $m > k_h$ über dem erwarteten Gehalt für $m = k_h$. Durch eine Erhöhung des Cut-Offs über k_h würde der Principal nicht nur den erwarteten Fehler erhöhen, sondern auch das erwartete Gehalt. Insofern ist $m = k_h$ einem darüber liegenden Cut-Off zu bevorzugen.

Nachdem das Setzen des Cut-Offs über k_h nicht optimal sein kann, wird nun untersucht ob das Setzen unterhalb k_h optimal sein kann. Das Gehalt $A_{G_{m \geq k_l + d_h}}$ mit $m = k_h - \text{x}$ in Formel 3.13 eingesetzt ergibt das erwartete Gehalt (Herleitung siehe Anhang)

Formel 4.13: „Erwartetes Gehalt bei e_1-MH, SU und $m = k_h - x \geq k_l + d_h$"

$$E\left(A_{m=k_h - x \geq k_l + d_h}\right) = \frac{c_1((-1 + 2f)x + d_h)}{(-1 + 2f)(x + d_h)}$$

Wenn gilt

$$E\left(A_{m=k_h - x \geq k_l + d_h}\right) < E\left(A_{m=k_h \geq k_l + d_h}\right)$$

$$<=> \frac{c_1\left((-1 + 2f)x + d_h\right)}{(-1 + 2f)(x + d_h)} < \frac{c_1}{-1 + 2f} <=> \frac{\left((-1 + 2f)x + d_h\right)}{(x + d_h)} < 1$$

$$<=> (-1 + 2f) < 1 <=> f < 1$$

liegt das erwartete Gehalt für einen Cut-Off unter k_h unter demjenigen für $m = k_h$. Insofern hat der Principal möglicherweise eine Motivation von $m = k_h$ nach unten abzuweichen und damit einen höheren erwarteten Fehler in Kauf zu nehmen, um ein niedrigeres erwartetes Gehalt zu erzielen. Der Principal wird solange mit seinem Cut-Off von k_h nach unten abweichen, wie das erwartete Gehalt stärker fällt als der erwartete Fehler zunimmt.

Im Optimum gilt gemäß Formel 4.1 (Herleitung siehe Anhang)

Formel 4.14: „Optimaler Cut-Off bei e_1-MH, SU und $k_h \geq k_l + d_h$"

$$c_1 = \frac{(x * \alpha) * (-1 + 2f)^2 * (x + d_h)^2}{(4fd_h^2) * (1 - f)}$$

Ein Auflösen nach x führt zu keinem gut interpretierbaren Ergebnis. Jedoch sind die Zusammenhänge auch bei dem oben gezeigten Auflösen nach c_1 zu erkennen. Jeder Klammerterm hat einen positiven Wert. Daher existiert zu jedem c_1 ein eindeutiges optimales positives x (unter der Voraussetzung, dass $k_h - x \geq k_l + d_h$) und somit ein optimaler Cut-Off $m = k_h - x$. Es ist intuitiv, dass der optimale Cut-Off auch von den Kosten des Agenten, c_1, abhängt, da der Principal diese vergüten muss. Für jedes positive c_1 lohnt es sich bis zu einem bestimmten $k_h - x$ nach unten abzuweichen, um damit das erwartete Gehalt zu senken. Aus Formel 4.14 geht hervor, dass x in c_1 steigt und zusätzlich x in f sinkt, da

$$\frac{dc_1}{df} = \frac{(-1 + 2f)x\alpha(x + d_h)^2}{4(-1 + f)^2 f^2 d_h^2} > 0$$

x in α sinkt, da

$$\frac{dc_1}{d\alpha} = -\frac{(1 - 2f)^2 x(x + d_h)^2}{4(-1 + f)f d_h^2} > 0$$

und x in d_h steigt, da

$$\frac{dc_1}{dd_h} = \frac{(1 - 2f)^2 x^2 \alpha(x + d_h)}{2(-1 + f)f d_h^3} < 0$$

Der Cut-Off fällt somit bei steigendem c_1, da der Principal damit das erwartete Gehalt senkt. Der Cut-Off steigt bei zuverlässigeren Informationen und nähert sich von unten dem Wert des minimal erwarteten Fehlers $m = k_h$. Auch mit steigender Präferenz α für eine präzise Entscheidung nähert sich der Cut-Off von unten an $m = k_h$, da das Abweichen mit steigender Präferenz teurer wird. Bei steigender Schwankung sinkt der Cut-Off, um eine gleichbleibende Relation der Abweichung nach unten in Bezug auf die Gesamtschwankung (welche die a priori Wahrscheinlichkeiten für gute und schlechte Ertragsumgebungen bestimmen) zu erhalten.

Jedoch gilt dies nur solange $m \geq k_l + d_h <=> x \leq k_h - (k_l + d_h)$, also solange die Kosten einen bestimmten Wert $\widehat{c_1}$ nicht überschreiten, nämlich gemäß Formel 4.14 mit $x = k_h - (k_l + d_h)$

$$c_1 \leq \widehat{c_1} = \frac{(1-2f)^2 \alpha (k_h - k_l)^2 (d_h - k_h + k_l)}{4(-1+f) f d_h^2}$$

Für alle höheren Kosten c_1 ist $m = k_l + d_h$ optimal. Der Grund dafür ist, dass sobald der Cut-Off $m < k_l + d_h$ ist, der Agent die Chance erhält trotz e_{1l} eine gute Ertragsumgebung zu realisieren, nämlich derjenige Teil der beiden überlappenden Verteilungen, der von $k_l + d_h$ bis m reicht. Daraus ergibt sich eine neue IC-Nebenbedingung, bei dem die am Anfang festgestellten Wahrscheinlichkeiten für den niedrigen Effort $P(G|e_{1l}, e_{2h}) = 0$ und $P(B|e_{1l}, e_{2h}) = 1$ nicht mehr gelten, sondern gemäß Formel 4.5 gilt

$$A_{G_{m<k_l+d_h}} \geq \frac{2 c_1 d_h}{(-1 + f_h + f_l)(k_h - k_l)}$$

Das vertraglich vereinbarte Gehalt A_G ist unterhalb von $k_l + d_h$ unabhängig von m, da einerseits mit weiterem Senken die Chance des Agenten erhöht wird durch e_{1h} eine gute Ertragsumgebung zu realisieren, weswegen der Agent zu hohem Effort weniger motiviert werden muss; andererseits aber der Agent bessere Chancen hat auch mit e_{1l} eine gute Ertragsumgebung zu erreichen, weswegen er stärker motiviert werden muss e_{1h} zu wählen. Diese beiden gegenläufigen Effekte heben sich auf.

Setzt man

$$A_{G_{m<k_l+d_h}} = \frac{2c_1 d_h}{(-1+f_h+f_l)(k_h-k_l)}$$

und

$$m = k_l + d_h - x$$

unter der Bedingung $x > 0$ in Formel 3.13 ein, folgt das erwartete Gehalt

$$E\left(A_{m<k_l+d_h}\right) = \frac{c_1(-2(-1+f)d_h + (-1+2f)(x+k_h-k_l))}{(-1+2f)(k_h-k_l)}$$

Weil der Term

$$\frac{dE\left(A_{m<k_l+d_h}\right)}{dx} = \frac{c_1}{k_h-k_l} > 0$$

stets positiv ist, steigt das erwartete Gehalt in x. Ein Senken des Cut-Offs m ab $k_l + d_h$ bedeutet ein Entfernen vom fehlerminimierenden Cut-Off $m = k_h$ ohne das erwartete Gehalt des Agenten zu senken. Im Gegenteil – da das vertraglich vereinbarte Gehalt sich nicht verändert, steigt das erwartete Gehalt sogar. Optimal ist bei $c_1 > \widehat{c_1}$ somit ein möglichst kleines x, welches $m = k_l + d_h$ bedeutet.

Zusammengefasst ist festzustellen: Im Gegensatz zu Chen et al. liegt der optimale Cut-Off unter $m = k_h$ und steigt zudem in f.

Fall: $f_l = 1$

Für konservative Rechnungslegung lautet die IC-Nebenbedingung gemäß Formel 4.9

Formel 4.15: „IC-Nebenbedingung bei e_1-MH, KRL und $k_h \geq k_l + d_h$"

$$A_{G_{m \geq k_l + d_h}} \geq \frac{2c_1 d_h}{f_h(-m + d_h + k_h)}$$

Wie in Formel 3.18 gezeigt wurde, ist der erwartete Fehler für

$$m = d_h(1 + \frac{2}{-3 + f_h}) + k_h$$

minimal. Fraglich ist, ob der erwartete Payoff dort optimal ist. Dazu müsste das erwartete Gehalt des Agenten für $m = d_h(1 + \frac{2}{-3+f_h}) + k_h$ kleiner sein als für alle anderen m. Das erwartete Gehalt des Agenten lautet (Herleitung siehe Anhang)

Formel 4.16: „Erwartetes Gehalt bei e_1-MH, KRL und $m \geq k_l + d_h$"

$$E(A_{m \geq k_l + d_h}) = c_1$$

und ist somit unabhängig vom gewählten Cut-Off. Bei der vorigen symmetrischer Unsicherheit hatte der Agent auch bei geringem Effort e_{1l} noch die Chance auf eine positive Vergütung, nämlich dann, wenn die sicher eintretende schlechte Ertragsumgebung[37] mit der Wahrscheinlichkeit $1 - f_l$ fälschlicherweise als gute Ertragsumgebung reportet wird. Der Agent musste mit einem A_G angereizt werden, das ihm bei hohem Aufwand e_{1h} im Erwartungswert mindestens diesen positiven Betrag verschaffte. Bei der hier vorliegenden konservativen Rechnungslegung ist diese Chance auf eine positive Vergütung bei geringem Effort e_{1l} nicht mehr möglich. Bei geringem Effort kommt es wie bei der symmetrischen Unsicherheit in jedem Fall zu einer schlechten Ertragsumgebung und zusätzlich wird diese definitionsgemäß mit Sicherheit als solche reportet; die Irrtumswahrscheinlichkeit $1 - f_l$ ist durch $f_l = 1$ null. Daher ist die verbleibende Forderung des Agenten seine aufgewendeten Kosten c_1 im Erwartungswert zu erhalten.

Für ein höheres m wird die Chance des Agenten, bei hohem Effort das Gehalt A_G zu erhalten, verringert. Hierfür fordert er durch ein höheres vertraglich festgesetztes A_G die entsprechende Kompensation, sodass er im Erwartungswert die ihm entstehenden Kosten erhält. Insofern kann der Principal den Cut-Off unabhängig vom erwarteten Gehalt wählen und wird den Cut-Off des minimalen erwarteten Fehlers gemäß Formel 3.18

Formel 4.17: „Optimaler Cut-Off bei e_1-MH, KRL und $\mathrm{k_h} \geq \mathrm{k_l} + \mathrm{d_h}$“

$$m = d_h(1 + \frac{2}{-3 + f_h}) + k_h$$

wählen.

Zusammengefasst ist festzustellen: Im Gegensatz zu Chen et al. liegt der optimale Cut-Off über $m = k_h$ und sinkt zudem in f_h.

[37] Denn für $m \geq \mathrm{k_l} + \mathrm{d_h}$ tritt bei Effort e_{1l} in jedem Fall eine schlechte Ertragsumgebung ein.

Erwarteter Payoff

Wie einleitend erklärt, wird die Annahme getroffen, dass der Verzerrungsgrad in der Rechnungslegung eine strategische Größe darstellt, die vom Unternehmen bestimmt werden kann. Daher soll nun die Frage geklärt werden, bei welcher Art der Verzerrung der erwartete Payoff für das Unternehmen am größten ist.

Der erwartete Payoff für konservative Rechnungslegung lautet (Herleitung siehe Anhang)

Formel 4.18: „Erwarteter Payoff bei optimalem Cut-Off bei e_1-MH, KRL und $k_h \geq k_l + d_h$"

$$E(R_{KRL}) =$$

$$(-1 + \frac{3}{6 - 2(-1 + 2f)})\alpha d_h - \frac{(-1 + 2f)^2 x\alpha(x + d_h)^2}{4(1 - f) f d_h^2} + k_h$$

Der erwartete Payoff für symmetrische Unsicherheit lautet (Herleitung siehe Anhang)

Formel 4.19: „Erwarteter Payoff bei optimalem Cut-Off bei e_1-MH, SU und $k_h \geq k_l + d_h$"

$$E(R_{SU}) =$$

$$\frac{-\frac{(-1 + 2f)x^2\alpha}{f} + d_h^2\left(\left(-6 + \frac{1}{f} + 4f\right)\alpha - \frac{(-1 + 2f)x\alpha(x + d_h)}{(1 - f)f d_h^2}\right) + 4d_h\left(\frac{(-1 + 2f)^2 x\alpha(x + d_h)^2(-1 + \frac{d_h}{x + d_h})}{4(1 - f) f d_h^2} + k_h\right)}{4d_h}$$

Bei konservativer Rechnungslegung wird ein höherer erwarteter Payoff erzielt, wenn gilt (Herleitung siehe Anhang)

Formel 4.20: „Optimalitätsbedingung für die Vorteilhaftigkeit KRL gegenüber SU, e_1-MH, $k_h \geq k_l + d_h$"

$$E(R_{KRL}) > E(R_{SU})$$

$$<=> 3(-2+f)x^2 + 2(-2+f)xd_h - 2(-1+f)^2 d_h^2 < 0$$

Da annahmegemäß $f \leq 1$ gilt, ist der Term $3(-2+f)x^2$, der Term $2(-2+f)xd_h$ sowie auch der Term $-2(-1+f)^2 d_h^2$ negativ. Da die linke Seite aus nur negativen Summanden besteht, ist die Optimalitätsbedingung erfüllt. Der Grund für dieses Ergebnis ist, dass bei konservativer Rechnungslegung das erwartete Gehalt nicht vom Cut-Off abhängt. Dadurch muss der Principal keinen Kompromiss zwischen erwartetem Gehalt und erwartetem Fehler eingehen, sondern kann den Cut-Off so wählen, dass dieser lediglich den erwarteten Fehler minimiert und wird dabei beide Ziele, Minimierung des erwarteten Fehlers und Minimierung des erwarteten Gehalts, erreichen. Bei der symmetrischen Unsicherheit will der Agent bei einem kleineren Cut-Offs zusätzlich vergütet werden, da seine Chance steigt gut reportet zu werden trotz einer schlechten Leistung und sein Risiko steigt schlecht reportet zu werden trotz einer guten Leistung. Insofern besteht hierbei ein Set-Up, das denselben Agenten per se teurer macht und damit den Gewinn den Principals senkt.

Zusammengefasst lässt sich feststellen: Man erreicht mit der konservativen Rechnungslegung bei der aktuellen Lageparameterwahl und einem e_1-Moral Hazard stets einen höheren erwarteten Payoff als bei symmetrischer Unsicherheit.

4.3.2 Keine Überlappung der Verteilungen

Formal ausgedrückt gilt im Fall ohne Überlappung der Verteilungen $k_l + 2d_h \leq k_h$. Der Erwartungswert k_h liegt soweit außerhalb der schlechten Ertragsumgebung $k_l + d_h$, dass die Schwankung d_h für eine Überschneidung nicht ausreicht. Es lässt sich sofort erkennen, dass der Agentenaufwand e_{1l} bei einem Cut-Off in der oberen Verteilung niemals zu einer guten Ertragsumgebung führen kann. Neu im Gegensatz zur vorigen Situation der geringen Überlappung ist, dass bei entsprechendem Minimalanreiz des Agenten, sodass dieser die hohen Aufwände wählt, der Principal auf das Rechnungslegungssignal für seine Entscheidung i verzichten kann, wenn m auf dem linken Rand der oberen Verteilung liegt. Ein Signal über eine schlechte Umgebung könnte dann als falsch verworfen werden, was das Signal im Hinblick auf die Entscheidung i[38] obsolet macht.

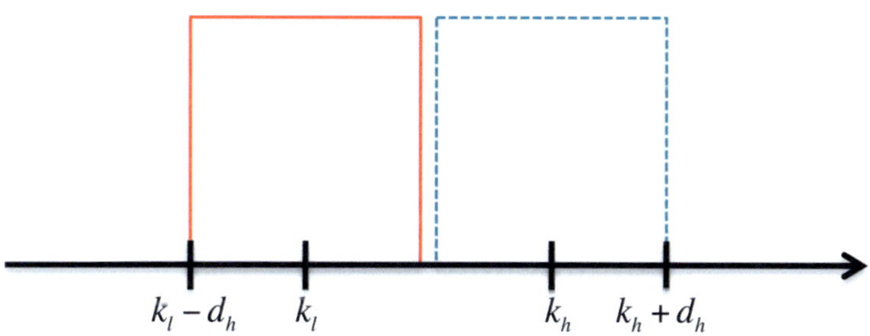

Abbildung 6: „Beispielhafte Darstellung der Verteilungsparameter für e_1-MH und $k_l + 2d_h \leq k_h$"

Ohne weitere Annahmen gilt für den Fall ohne Überlappung weiterhin wie im vorigen Fall, dass für $m \geq k_l + d_h$ der Effort e_{1l} mit Sicherheit zu einer schlechten Ertragsumgebung führt, sodass

$$P(G|e_{1l}, e_{2h}) = 0$$

$$P(B|e_{1l}, e_{2h}) = 1$$

[38] Nicht jedoch im Hinblick auf das Gehalt des Agenten, wie später gezeigt wird.

gilt. Im Fall der geringen Überlappung wurde gezeigt, dass für symmetrische Unsicherheit ein bestimmter Cut-Off unter dem Erwartungswert k_h und bei konservativer Rechnungslegung ein bestimmter Cut-Off über dem Erwartungswert k_h optimal ist.

Die Frage ist, ob der Rand-Cut-Off $m = k_h - d_h$, einen jeweils zuvor ermittelten optimalen Cut-Off m dominieren kann. Ist die IC-Bedingung des Agenten erfüllt, so wird sich die Zufallsvariable s in der rechten Verteilung, d.h. zwischen $k_h - d_h$ und $k_h + d_h$ realisieren. Setzt der Principal den Cut-Off bei nicht-überlappenden Verteilungen auf den Rand $k_h - d_h$, so wird sich s auf dem Rand oder darüber realisieren, was zur Folge hat, dass ein schlechtes Signal als inkorrekt angesehen werden muss. Bei Rand-Cut-Off tritt mit Sicherheit eine gute Ertragsumgebung ein und es gilt zusätzlich

$$P(G|e_{1h}, e_{2h}) = \frac{k_h + d_h - m}{2d_h} = 1$$

$$P(B|e_{1h}, e_{2h}) = \frac{m - (k_h - d_h)}{2d_h} = 0$$

Setzt man $m = k_h - d_h$ in die IC-Nebenbedingung gemäß Formel 4.5 so folgt

Formel 4.21: „IC-Nebenbedingung bei e_1-MH und Rand-Cut-Off“

$$P(G|e_{1h}, e_{2h})(f_h * A_G + (1 - f_h) * A_B)$$

$$+ \mathrm{P}(\mathrm{B}|\mathrm{e}_{1\mathrm{h}}, e_{2h})(f_l * A_B + (1 - f_l) * A_G) - c_1 - c_2$$

$$\geq P(G|e_{1l}, e_{2h})(f_h * A_G + (1 - f_h) * A_B) + P(B|e_{1l}, e_{2h})(f_l * A_B + (1 - f_l)$$

$$* A_G) - c_2$$

$$<=> 1 * (f_h * A_G + (1 - f_h) * A_B) + 0 * (f_l * A_B + (1 - f_l) * A_G) - c_1 - c_2$$

$$\geq 0 * (f_h * A_G + (1 - f_h) * A_B) + 1 * (f_l * A_B + (1 - f_l) * A_G) - c_2$$

mit $A_B = 0$ folgt

$$A_{G_{m=k_h-d_h}} \geq \frac{c_1}{-1 + f_h + f_l}$$

Fall: $f_h = f_l = f$

Dass für SU ein Cut-Off unterhalb von k_h optimal ist, wurde durch Formel 4.14 gezeigt. Die Frage ist, ob der Rand-Cut-Off diese Lösung dominieren kann.

Das vertraglich vereinbarte Gehalt des Agenten bei Rand-Cut-Off, um einen Anreiz zu hohen Aufwänden zu schaffen, lautet gemäß Formel 4.21 mit $f_h = f_l = f$

Formel 4.22: „IC-Nebenbedingung bei e_1-MH, SU und Rand-Cut-Off“

$$A_{G_{m=k_h-d_h}} = \frac{c_1}{-1 + 2f}$$

Dieses Gehalt in Formel 3.11 eingesetzt und unter Verwendung vergleichbarer Kosten ergibt den erwarteten Payoff für den Rand-Cut-Off (Herleitung siehe Anhang)

Formel 4.23: „Erwarteter Payoff bei e_1-MH, SU und $k_l + 2d_h \leq k_h$ mit Rand-Cut-Off und vergleichbarer Kosten“

$$E(R_{m=k_h-d_h}) = \frac{(-1 + 3f)\alpha d_h}{2(-1 + f)} + k_h$$

Dieser erwartete Payoff bei Rand-Cut-Off wird mit dem erwarteten Payoff bei darüber liegendem Cut-Off verglichen, für den ein Gehalt gemäß Formel 4.10 gezahlt werden muss. Somit wird

$$A_{G_{m>k_h-d_h}} = \frac{2c_1 d_h}{(-1+2f)(-m+d_h+k_h)}$$

in Formel 3.10 eingesetzt. Der resultierende erwartete Payoff beim Cut-Off größer als der untere Verteilungsrand entspricht somit genau dem in Formel 4.19 ermittelten, der so zu verstehen ist, dass jedes x stets optimal für die jeweiligen Kosten gewählt wird.

Formel 4.24: „Erwarteter Payoff bei e_1-MH, SU mit Überrand-Cut-Off und $k_l + 2d_h \leq k_h$"

$$E(R_{m>k_h-d_h}) =$$

$$\frac{-\frac{(-1+2f)x^2\alpha}{f} + d_h^2\left(\left(-6+\frac{1}{f}+4f\right)\alpha - \frac{(-1+2f)x\alpha(x+d_h)}{(1-f)fd_h^2}\right) + 4d_h\left(\frac{(-1+2f)^2 x\alpha(x+d_h)^2\left(-1+\frac{d_h}{x+d_h}\right)}{4(1-f)fd_h^2} + k_h\right)}{4d_h}$$

Es gilt, dass der Rand-Cut-Off zu einem höheren erwarteten Payoff führt, wenn gilt (Herleitung siehe Anhang)

Formel 4.25: „Abweichung x vom Erwartungswert k_h für Rand-Cut-Off-Dominanz"

$$E(R_{m=k_h-d_h}) > E(R_{m>k_h-d_h})$$

$$<=> x > \hat{x} =$$

$$\left((-2+f)^2 d_h^2 - (1+f)d_h\left(\left(-19+f\big(150+f(-453+(485-108f)f)\big)\right)d_h^3 + 3\sqrt{3}\sqrt{(1-2f)^2(11+f(-94+27f))\left(1+f\left(-6+f\big(17+2f(-9+2f)\big)\right)\right)d_h^6}\right)^{1/3} + \left(\left(-19+f\big(150+f(-453+(485-108f)f)\big)\right)d_h^3 + 3\sqrt{3}\sqrt{(1-2f)^2(11+f(-94+27f))\left(1+f\left(-6+f\big(17+2f(-9+2f)\big)\right)\right)d_h^6}\right)^{2/3}\right)$$

$$\overline{(3(-1+2f)((-19+f(150+f(-453+(485-108f)f)))d_h^3 + 3\sqrt{3}\sqrt{(1-2f)^2(11+f(-94+27f))(1+f(-6+f(17+2f(-9+2f))))d_h^6})^{1/3}}$$

Man kann erkennen, dass der Schwellwert $\hat{x}$, über dem der Rand-Cut-Off dominant ist, von f und d_h abhängt. Der Abweichungswert x darf keinen Wert größer gleich d_h betragen, da ansonsten der Rand-Cut-Off erreicht bzw. überschritten wird. Es ist aus dieser Formel nicht sofort ersichtlich, ob $\hat{x}$ Werte unter d_h annehmen kann. Leichter zu interpretieren ist das Ergebnis, wenn man es graphisch darstellt. Dazu subtrahiert man den Schwellwert $\hat{x}$ von d_h. Eine positive Differenz bedeutet die Existenz eines Schwellwerts unter dem Verteilungsrand, ab dem der Rand-Cut-Off dominant ist. Um zu erkennen, wie nah die Abweichung am Rand liegt, setzt man die Differenz zu d_h ins Verhältnis.

Der Wert

$$z = \frac{d_h - \hat{x}}{d_h}$$

wird über $f\epsilon(0.75,1]$ und $d_h\epsilon[0,10]$ in Abbildung 7 dargestellt. Für $f = 1$ ist $z = 0$. Für alle geringeren f ergibt sich ein positiver Wert z. Dies bedeutet, dass für alle $f\epsilon(0.75,1)$ ein Schwellwert $\hat{x}$ nah über $k_h - d_h$ existiert, sodass ab einem bestimmten Abweichungswert $x > \hat{x}$ der Rand-Cut-Off den aktuell optimalen Überrand-Cut-Off dominiert. Da die optimale Abweichung x wie zuvor gezeigt aus den Kosten resultiert, kann man schließen, dass dieser Sprung ab einem bestimmten Kostenlevel c_1 stattfindet.

Der Grund für dieses Phänomen liegt darin, dass der Principal bei steigenden Kosten ein größeres x wählt, also den Cut-Off vom Erwartungswert k_h zum Rand $k_h - d_h$ verschiebt. Dies bewirkt einerseits eine Senkung des erwarteten Gehalts jedoch andererseits einen größeren erwarteten Fehler jeweils relativ zum erwarteten Gehalt und erwarteten Fehler, die existiert hätten, wenn bei erhöhten Kosten kein größeres x gewählt worden wäre. Absolut betrachtet steigen jedoch das erwartete Gehalt und der erwartete Fehler mit größeren Kosten bzw. mit größerem x. Bei Rand-Cut-Off lautet das erwartete Gehalt mit vergleichbaren Kosten[39] (Herleitung siehe Anhang)

Formel 4.26: "Erwartetes Gehalt bei Rand-Cut-Off"

$$E\left(A_{m=k_h-d_h}\right) = \frac{(1-2f)\alpha d_h}{-1+f}$$

---

[39] Um einen sinnvollen Vergleich zwischen dem Rand-Cut-Off und dem Überrand-Cut-Off zu ermöglichen, müssen in beiden Fällen dieselben Kosten verwendet werden. Für den Überrand-Cut-Off wurde die Annahme getroffen, dass der Cut-Off optimal für die jeweiligen Kosten $c_1 = \frac{(x*\alpha)*(-1+2f)^2*(x+d_h)^2}{(4fd_h^2)*(1-f)}$ gewählt wird. Diese optimalen cut-off-abhängigen Kosten müssen somit für den Rand-Cut-Off eingesetzt werden.

und der erwartete Fehler (Herleitung siehe Anhang)

Formel 4.27: "Erwarteter Fehler bei Rand-Cut-Off"

$$E\left(F_{m=k_h-d_h}\right) = \frac{1}{2}\alpha d_h$$

Wenn der Principal x immer weiter erhöht, nähert er sich stetig dem erwarteten Gehalt, das bei Rand-Cut-Off gelten würde, denn es gilt (Herleitung siehe Anhang)

Formel 4.28: "Erwartetes Gehalt bei Annäherung an Rand-Cut-Off"

$$\lim_{x \to d_h} E\left(A_{m=k_h-x}\right) = \frac{(1-2f)\alpha d_h}{-1+f}$$

Zusätzlich passiert der Principal ab einem bestimmten x den erwarteten Fehler, der bei Rand-Cut-Off gelten würde, denn die Bedingung (Herleitung siehe Anhang)

Formel 4.29: "Bedingung, dass erwarteter Fehler bei Rand-Cut-Off kleiner ist als erwarteter Fehler bei Überrand-Cut-Off"

$$\frac{1}{2}\alpha d_h < \frac{\alpha((-1+2f)x^2 + (-1+6f-4f^2)d_h^2)}{4f d_h}$$

wird stets ab einem bestimmten Wert $x \epsilon [0, d_h]$ erfüllt. Ab diesem Cut-Off und für alle weiteren Cut-Offs die noch näher am Rand-Cut-Off liegen, ist der erwartete Fehler größer, als wenn der Rand-Cut-Off gewählt werden würde. Der Principal wählt spätestens ab diesem x-Wert den Rand-Cut-Off, da sich damit zusätzlich das erwartete Gehalt verringern lässt.

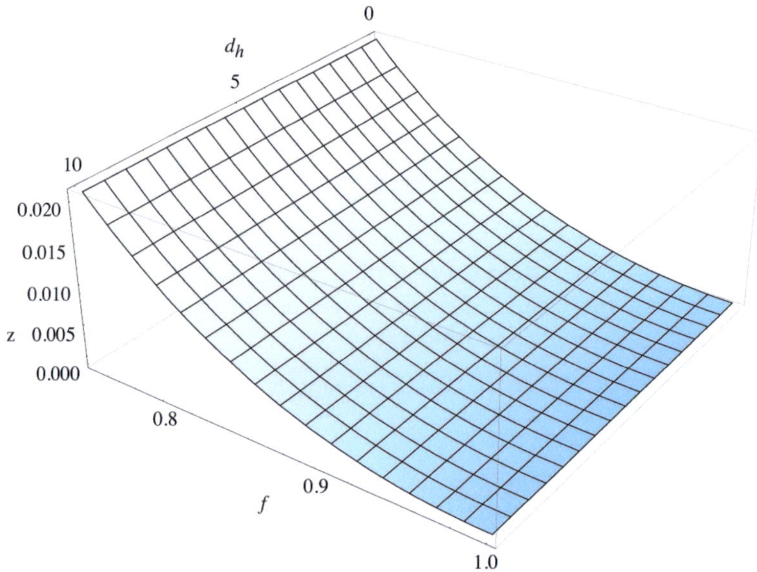

Abbildung 7: „Schwellenwert bezogen auf die Verteilungsschwankung“

Zusammengefasst lässt sich feststellen: Im Gegensatz zu Chen et al. liegt der optimale Cut-Off erstens unter $m = k_h$ und steigt in f. Und zweitens liegt der optimale Cut-Off ab einem bestimmten Kostenlevel sprungartig auf dem Verteilungsrand $k_h - d_h$.

Fall: $f_l = 1$

Für den Fall der konservativen Rechnungslegung wurde durch Formel 4.17 gezeigt[40], dass ein Cut-Off oberhalb von k_h optimal

[40] Formel 4.17 wurde unter der Parameterkonstellation einer geringen Verteilungsüberlappung aufgestellt und hat hier weiterhin Gültigkeit, da die Bedingungen aus Formel 4.8 und ihre Implikationen weiterhin gelten.

ist. Fraglich ist, ob der Rand-Cut-Off diese Lösung dominieren kann.

Für das Gehalt des Agenten bei Rand-Cut-Off wird im Fall der konservativen Rechnungslegung die Wahrscheinlichkeit $f_l = 1$ in Formel 4.21 eingesetzt, so erhält man

Formel 4.30: „Vertraglich vereinbartes Gehalt bei Rand-Cut-Off"

$$A_{G_{m=k_h-d_h}} \geq \frac{c_1}{f_h}$$

$A_{G_{m=k_h-d_h}}$ in Formel 3.11 eingesetzt ergibt den erwarteten Payoff für $m = k_h - d_h$ (Herleitung siehe Anhang)

Formel 4.31: „Erwarteter Payoff bei e_1-MH, KRL und $k_l + 2d_h \leq k_h$ mit Rand-Cut-Off"

$$E(R_{m=k_h-d_h}) = -c_1 - \frac{\alpha d_h}{2} + k_h$$

Im Vergleich dazu lautet der erwartete Payoff mit $A_{G_{m>k_h-d_h}}$ wie in Formel 4.18 gezeigt bei Cut-Off $m = d_h(1 + \frac{2}{-3+f_h}) + k_h$

Formel 4.32: „Erwarteter Payoff bei e_1-MH, KRL und $k_l + 2d_h \leq k_h$ mit Überrand-Cut-Off"

$$E(R_{m>k_h-d_h}) = -c_1 + \alpha d_h(-1 + \frac{3}{6-2f_h}) + k_h$$

Weil

$$E(R_{m=k_h-d_h}) < E(R_{m>k_h-d_h})$$

$$<=> -c_1 - \frac{\alpha d_h}{2} + k_h < -c_1 + \alpha d_h(-1 + \frac{3}{6-2f_h}) + k_h$$

$$<=> -\frac{\alpha d_h}{2} < \alpha d_h\left(-1 + \frac{3}{6-2f_h}\right) <=> \frac{1}{2} < \frac{3}{6-2f_h}$$

$$<=> 6 - 2f_h < 6 <=> -2f_h < 0$$

annahmegemäß immer erfüllt ist, ist der erwartete Payoff beim Rand-Cut-Off stets kleiner als der optimale Cut-Off $m = d_h(1 + \frac{2}{-3+f_h}) + k_h$. Bei konservativer Rechnungslegung kann sich der Principal bei Erhalt eines guten Signals sicher sein, eine gute Ertragsumgebung zu realisieren. Entsprechend oft wird er bei schlechtem Signal eine schlechte Ertragsumgebung vermuten, jedoch mit dieser Einschätzung falsch liegen. Um im Durchschnitt keinen großen Fehler zu begehen durch ständig falsche Entscheidungen bei signalisierter schlechter Umgebung und tatsächlich realisierter guter, setzt er den Cut-Off über den Erwartungswert der Verteilung und vergrößert er den Bereich der schlechten Ertragsumgebung. Würde er den Cut-Off auf den unteren Rand der Verteilung setzen, wäre die konservative Rechnungslegung sinnlos, da sich ohnehin keine schlechte Ertragsumgebung realisieren würde. Es wird mit Sicherheit eine gute Ertragsumgebung realisiert und mit Wahrscheinlichkeit $1 - f_h$ wird zwar ein schlechtes Signal gesendet, dieses kann jedoch aufgrund besseren Wissens verworfen werden. Ohne jegliche Signalverwertbarkeit ist der erwartete Fehler in diesem Fall maximal. Da für das erwartete Gehalt gilt (Herleitung siehe Anhang)

Formel 4.33: „Erwartetes Gehalt bei Rand-Cut-Off und Überrand-Cut-Off"

$$E\left(A_{m=k_h-d_h}\right) = E\left(A_{m>k_h-d_h}\right)$$

und sich dieses somit bei sinkendem Cut-Off nicht vermindert, sondern konstant bleibt, existiert für den Principal kein Anreiz für einen Rand-Cut-Off.

Zusammengefasst ist festzustellen: Im Gegensatz zu Chen et al. liegt der optimale Cut-Off über k_h und sinkt zudem in f_h.

Erwarteter Payoff

Auch in diesem Fall steht der Principal vor der strategischen Entscheidung, welche Art der Rechnungslegung seinen erwarteten Payoff bei den gegebenen Lageparametern maximiert. Bei der konservativen Rechnungslegung ist der Überrand-Cut-Off stets dominant. Bei der symmetrischen Unsicherheit kann es zu einem sprunghaften Wechsel in der Vorteilhaftigkeit zwischen dem Überrand-Cut-Off und dem Rand-Cut-Off kommen. Dass die konservative Rechnungslegung die symmetrische Unsicherheit bei jeweiligem Überrand-Cut-Off dominiert, wurde in Formel 4.20 gezeigt. Fraglich ist ob der erwartete Payoff bei SU und Rand-Cut-Off den erwarteten Payoff bei KRL und Überrand-Cut-Off dominieren kann. Um einen Vergleich zu ermöglichen müssen die Gesamtfehlerwahrscheinlichkeit konstant sowie die Kosten in beiden Fällen dieselben sein.

Der erwartete Payoff für konservative Rechnungslegung lautet gemäß Formel 4.32 unter Berücksichtigung von Formel 3.2

$$E(R_{KRL}) = -c_1 + (-1 + \frac{3}{6 - 2(-1 + 2f)})\alpha d_h + k_h$$

Damit dieselben Kosten herrschen, muss der Term

$$c_1 = \frac{(-1 + 2f)^2 x\alpha(x + d_h)^2}{4(1 - f)f d_h^2}$$

und für den Vergleich mit dem Rand-Cut-Off bei symmetrischer Unsicherheit

$$x = d_h$$

eingesetzt werden. Daraus folgt

Formel 4.34: „Erwarteter Payoff bei e_1-MH, KRL und $k_l + 2d_h \leq k_h$ mit vergleichbaren Kosten"

$$E(R_{KRL}) = \frac{(-8 + f(31 + 3f(-13 + 4f)))\alpha d_h}{4(-2 + f)(-1 + f)f} + k_h$$

Der erwartete Payoff bei symmetrischer Unsicherheit und Rand-Cut-Off lautet gemäß Formel 4.23

$$E(R_{SU\ und\ Rand-Cut-Off}) = \frac{(-1 + 3f)\alpha d_h}{2(-1 + f)} + k_h$$

Da die Bedingung (Herleitung siehe Anhang)

Formel 4.35: „Dominanzbedingung der KRL mit Überrand-Cut-Off über SU mit Rand-Cut-Off"

$$E(R_{KRL}) > E(R_{SU\ und\ Rand-Cut-Off})$$

$$<=> \frac{(-8 + f(31 + 3f(-13 + 4f)))\alpha d_h}{4(-2 + f)(-1 + f)f} + k_h > \frac{(-1 + 3f)\alpha d_h}{2(-1 + f)} + k_h$$

für alle $f \epsilon (0.75,1]$ erfüllt ist, dominiert die konservative Rechnungslegung mit Überrand-Cut-Off die symmetrische Unsicherheit mit Rand-Cut-Off. Der Grund liegt in der Veränderung des erwarteten Gehalts und des erwarteten Fehlers für die jeweiligen Rechnungslegungsstrategien. Bei konservativer Rechnungslegung verlangt der Agent bei verändertem Cut-Off, der notwendig ist, um einen besseren erwarteten Fehler zu erreichen, nur eine Kompensation für seine veränderte Wahrscheinlichkeit eine gute Ertragsumgebung zu erreichen. Bei symmetrischer Unsicherheit verlangt der Agent einen zusätzlichen Anreiz, da er stets die Chance sieht trotz schlechter Umgebung gut reportet zu werden. Das erwartete Gehalt bleibt daher bei konservativer Rechnungslegung konstant und ist bei symmetrischer Unsicherheit nur bei $f = 1$ auf demselben Niveau wie bei konservativer Rechnungslegung, sonst jedoch höher. Der erwartete Fehler ist bei verlässlichen Signalen für konservative Rechnungslegung ebenfalls geringer. Erst ab niedriger Signalzuverlässigkeit wie in Formel 4.29 gezeigt, ist der erwartete Fehler bei symmetrischer Unsicherheit geringer. Dieser Vorteil reicht jedoch nicht mehr, um die Strategie insgesamt zu favorisieren, da das erwartete Gehalt bei symmetrischer Unsicherheit bei unzuverlässigen Signalen bereits viel zu hoch ist im Vergleich zur konservativen Rechnungslegung.

Zusammengefasst lässt sich feststellen: Man erreicht mit der konservativen Rechnungslegung bei der aktuellen Lageparameterwahl und einem e_1-Moral Hazard stets einen höheren erwarteten Payoff als bei symmetrischer Unsicherheit.

4.3.3 Große Überlappung der Verteilungen

Bei der Parameterkonstellation $k_h \leq k_l + d_h$ überschneiden sich die beiden Verteilungsbereiche derart, dass der Erwartungswert des oberen Bereichs, k_h, noch im unteren Verteilungsbereich liegt. Der Agent kann hierdurch für einen gegebenen Cut-Off trotz niedrigen e_1-Aufwands eine im Vergleich zu den Verteilungen zuvor höhere Chance auf eine gute Ertragsumgebung wahren. Anders ausgedrückt hat seine Bemühung den Erwartungswert zu steigern weniger Wirkung als bei den zuvor untersuchten Lageparametern. Insofern besteht ein starker Anreiz zum Moral Hazard.

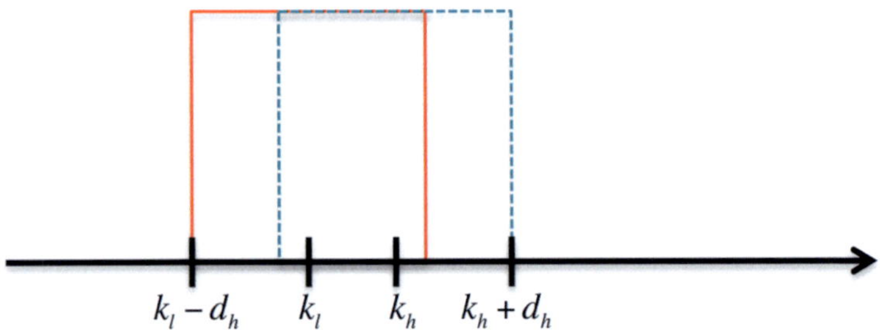

Abbildung 8: „Beispielhafte Darstellung der Verteilungsparameter für e_1-MH und $k_h \leq k_l + d_h$“

Für $k_h - d_h < m \leq k_l + d_h$ gilt die IC-Nebenbedingung gemäß Formel 4.5 (Herleitung siehe Anhang)

Formel 4.36: „IC-Nebenbedingung bei e_1-Moral Hazard und $k_h \leq k_l + d_h$“

$$A_G \geq \frac{2c_1 d_h}{(-1 + f_h + f_l)(k_h - k_l)}$$

Die IC-Nebenbedingung ist unabhängig vom Cut-Off m. Für das erwartete Gehalt gilt gemäß Formel 3.13 (Herleitung siehe Anhang)

Formel 4.37: „Erwartetes Gehalt des Agenten bei e_1-Moral Hazard und $k_h \leq k_l + d_h$“

$$E(A) = \frac{c_1(d_h(1 + f_h - f_l) - (-1 + f_h + f_l)(m - k_h))}{(-1 + f_h + f_l)(k_h - k_l)}$$

Die Ableitung des erwarteten Gehalts lautet

$$\frac{dE(A)}{dm} = \frac{c_1(1 - f_h - f_l)}{(-1 + f_h + f_l)(k_h - k_l)} = \frac{c_1}{k_l - k_h} < 0$$

und ist definitionsgemäß stets negativ. Das heißt je höher man m im Bereich $k_h - d_h < m \leq k_l + d_h$ setzt, desto unwahrscheinlicher ist der Eintritt einer guten Ertragsumgebung und damit sinkt das erwartete Gehalt. Allerdings sinkt mit abweichendem m auch die Informationsverwertung des Signals, welche bei für $m = k_h$ für symmetrische Unsicherheit bzw. $m = k_h + d_h(1 + \frac{2}{-3+f_h})$ für konservative Rechnungslegung maximal ist. Insofern muss der Principal eine Abwägung treffen, auf wie viel Informationsverwertung er verzichten will, wenn er dem Agenten weniger erwartetes Gehalt zahlen möchte.

Fall: $f_h - f_l - f$

Bei symmetrischer Unsicherheit lautet das erwartete Gehalt gemäß Formel 4.37

Formel 4.38: „Erwartetes Gehalt des Agenten bei e_1-Moral Hazard, SU und $k_h \leq k_l + d_h$"

$$E(A) = \frac{c_1(m - 2fm + d_h + (-1 + 2f)k_h)}{(-1 + 2f)(k_h - k_l)}$$

Für den erwarteten Fehler gilt gemäß Formel 3.15

$$E(F) = -\frac{\alpha((1 - 6f + 4f^2)d_h^2 - (-1 + 2f)(m - k_h)^2)}{4fd_h}$$

Bei optimalem Cut-Off gilt gemäß Formel 4.1

Formel 4.39: „Optimaler Cut-Off bei e_1-Moral Hazard, SU und $k_h \leq k_l + d_h$"

$$\frac{dE(A)}{dm} = -\frac{dE(F)}{dm}$$

$$<=> \frac{d\left(\frac{c_1(m - 2fm + d_h + (-1 + 2f)k_h)}{(-1 + 2f)(k_h - k_l)}\right)}{dm}$$

$$= -\frac{d\left(\frac{\alpha\left((-1 + 6f - 4f^2)d_h^2 + (-1 + 2f)(m - k_h)^2\right)}{4fd_h}\right)}{dm}$$

$$<=> m = k_h + \frac{2fc_1d_h}{(-1 + 2f)\alpha(k_h - k_l)}$$

Da das vertraglich vereinbarte Gehalt unabhängig vom Cut-Off m ist, kann der Principal das erwartete Gehalt durch einen höheren Cut-Off senken. Dabei entfernt er sich vom fehlerminimierenden Cut-Off $m = k_h$ nach oben und nimmt dadurch einen höheren erwarteten Fehler in Kauf. Je verlässlicher die Signale sind, d.h. je größer f ist, umso mehr Information kann aus dem jeweiligen Signal gewonnen werden und desto näher wird m beim ursprünglichen Optimum k_h liegen. Bei sinkendem f kann man den Signalen immer weniger vertrauen und es tritt der Aspekt der Reduzierung des erwarteten Gehalts in den Vordergrund, welcher das m nach oben treibt.

Die Lösung befindet sich zwischen k_h und $k_l + d_h$ solange gilt

$$m = k_h + \frac{2fc_1d_h}{(-1+2f)\alpha(k_h - k_l)} \leq k_l + d_h$$

$$<=> c_1 \leq \frac{(-1+2f)\alpha(k_h - k_l)(d_h - k_h + k_l)}{2fd_h}$$

Für höhere Kosten würde der Cut-Off über $k_l + d_h$ hinausgehen. Fraglich ist, ob ein Setzen des Cut-Offs über $k_l + d_h$ den erwarteten Payoff weiter steigern kann.

Für $m = k_l + d_h + x$ mit $0 < x$ gilt, dass der Agent mit niedrigem Effort c_{1l} in keinem Fall eine gute Ertragsumgebung erreichen kann und insofern gilt

$$P(G|e_{1l}) = 0$$

$$P(B|e_{1l}) = 1$$

Diese veränderten Wahrscheinlichkeiten führen wie in Formel 4.9 gezeigt zu der neuen IC-Nebenbedingung

$$A_{G_{m \geq k_l + d_h}} \geq \frac{2c_1d_h}{(-1+f_h+f_l)(-m+d_h+k_h)}$$

Mit

$$m = k_l + d_h + x$$

und

$$f_h = f_l = f$$

folgt

$$A_{G_{m=k_l+d_h+x}} \geq -\frac{2c_1 d_h}{(-1+2f)(x-k_h+k_l)}$$

$A_{G_{m=k_l+d_h+x}}$ eingesetzt in Formel 3.10 ergibt den erwarteten Payoff (Herleitung siehe Anhang)

Formel 4.40: „Erwarteter Payoff bei e_1-Moral Hazard, SU und $k_h \leq k_l + d_h$ mit $m = k_l + d_h + x$“

$$E(R_{m=k_l+d_h+x}) =$$

$$-\frac{\begin{array}{c}(1-2f)^2\alpha(x-k_h+k_l)^3 \\ +2(-1+2f)d_h(x-k_h+k_l)\big(2fc_1+\big(\alpha-2f(1+\alpha)\big)k_h+(-1+2f)\alpha(x+k_l)\big) \\ -2d_h^2\big(-4(-1+f)fc_1+(-1+2f)(1+2(-2+f)f)\alpha(x-k_h+k_l)\big)\end{array}}{4f(-1+2f)d_h(x-k_h+k_l)}$$

Der Erwartete Payoff für $m = k_l + d_h$, also $x = 0$, lautet

Formel 4.41: „Erwarteter Payoff bei e_1-Moral Hazard, SU und $k_h \leq k_l + d_h$ mit $m = k_l + d_h$“

$$E(R_{m=k_l+d_h}) =$$

$$-\frac{\begin{array}{c}(1-2f)^2\alpha(-k_h+k_l)^3\\ +2(-1+2f)d_h(-k_h+k_l)\big(2fc_1+\big(\alpha-2f(1+\alpha)\big)k_h+(-1+2f)\alpha k_l\big)\\ -2d_h^2\big(-4(-1+f)fc_1+(-1+2f)(1+2(-2+f)f)\alpha(-k_h+k_l)\big)\end{array}}{4f(-1+2f)d_h(-k_h+k_l)}$$

Da die Bedingung (Herleitung siehe Anhang)

Formel 4.42: „Dominanzbedingung für Cut-Off maximal $m = k_l + d_h$"

$$E\big(R_{m=k_l+d_h+x}\big) < E\big(R_{m=k_l+d_h}\big)$$

$$<=> c_1 > -\frac{(1-2f)^2\alpha(k_h-k_l)(x-k_h+k_l)(x+2d_h-2k_h+2k_l)}{8(-1+f)fd_h^2}$$

annahmegemäß immer erfüllt ist, dominiert der Cut-Off $m = k_l + d_h$ alle darüber liegenden Cut-Offs. Der Principal kann also durch einen Cut-Off über dem fehlerminimierenden Cut-Off $m = k_h$ zuerst das erwartete Gehalt senken und dadurch insgesamt einen höheren erwarteten Payoff erzielen. Je höher die Kosten c_1 sind, umso wichtiger ist es für den Principal das erwartete Gehalt zu senken und desto höher wird der Cut-Off über dem fehlerminimierenden liegen. Allerdings lohnt es sich nicht den Cut-Off höher als $k_l + d_h$ zu setzen. Denn aufgrund der nun fehlenden Chance, trotz schlechter Leistung eine gute Ertragsumgebung zu erzielen, verlangt der Agent ab $k_l + d_h$ das höhere Gehalt gemäß Formel 4.9

$$A_{G_{m\geq k_l+d_h}} = \frac{2c_1d_h}{(-1+2f)(-m+d_h+k_h)}$$

Dieses vertraglich vereinbarte Gehalt eingesetzt in Formel 3.13

$$E(A) = \left(\frac{k_h + d_h - m}{2d_h} * f_h + \frac{m - (k_h - d_h)}{2d_h} * (1 - f_l) \right) * A_G$$

ergibt das erwartete Gehalt

$$E\left(A_{G_{m \geq k_l + d_h}}\right) = c_1 (1 - \frac{2(-1 + f)d_h}{(-1 + 2f)(-m + d_h + k_h)})$$

mit der Ableitung

$$\frac{dE\left(A_{G_{m \geq k_l + d_h}}\right)}{dm} = - \frac{2(-1 + f)c_1 d_h}{(-1 + 2f)(-m + d_h + k_h)^2}$$

welche stets größer null ist für $0.5 < f < 1$. Somit ist es für den Principal unattraktiv einen Cut-Off über $k_l + d_h$ zu wählen, weil er sich damit weiter vom fehlerminimierenden Cut-Off entfernt und ab $k_l + d_h$ zusätzlich das erwartete Gehalt erhöht.

Grundsätzlich gilt also: Das optimale m liegt wie bei Chen et al. über dem Erwartungswert k_h, sinkt jedoch in f.

Fall: $f_l = 1$

Für die konservative Rechnungslegung lautet die IC-Nebenbedingung gemäß Formel 4.36

Formel 4.43: „IC-Nebenbedingung bei e_1-Moral Hazard, KRL mit $k_h \leq k_l + d_h$ und $m \leq k_l + d_h$“

$$A_G \geq \frac{2c_1 d_h}{f_h(k_h - k_l)}$$

Dieses vertraglich vereinbarte Gehalt eingesetzt in Formel 4.37 führt zum erwarteten Gehalt

Formel 4.44: „Erwartetes Gehalt des Agenten bei e_1-Moral Hazard, KRL und $k_h \leq k_l + d_h$“

$$E(A) = \frac{c_1(-m + d_h + k_h)}{k_h - k_l}$$

Der erwartete Fehler gemäß Formel 3.17

$$E(F) -$$

$$-\frac{\alpha(d_h^2(-4 + f_h + f_h^2) - 2d_h(-1 + f_h)f_h(m - k_h) + (-3 + f_h)f_h(m - k_h)^2)}{8d_h}$$

Gemäß Formel 4.1 gilt für den optimalen Cut-Off

Formel 4.45: „Optimaler Cut-Off bei e_1-Moral Hazard, KRL und $k_h \leq k_l + d_h$“

$$\frac{dE(A)}{dm} = -\frac{dE(F)}{dm}$$

$$<=> \frac{d\left(\frac{c_1(-m+d_h+k_h)}{k_h-k_l}\right)}{dm}$$

$$= -\frac{d\left(-\frac{\alpha(d_h^2(-4+f_h+f_h^2)-2d_h(-1+f_h)f_h(m-k_h)+(-3+f_h)f_h(m-k_h)^2)}{8d_h}\right)}{dm}$$

$$<=> m = k_h + d_h(1+\frac{2}{-3+f_h}) + \frac{4c_1d_h}{\alpha(-3+f_h)f_h(-k_h+k_l)}$$

Je zuverlässiger das Signal ist, das heißt je größer f_h ist, desto näher wird m beim ursprünglichen Optimum $k_h + d_h(1+\frac{2}{-3+f_h})$ liegen. Für sinkendes f_h kann man dem Signal immer weniger vertrauen und es tritt der Aspekt der Reduzierung des erwarteten Gehalts immer mehr in den Vordergrund, welcher das m nach oben treibt.

Die Lösung für den Cut-Off befindet sich zwischen k_h und $k_l + d_h$, solange gilt

Formel 4.46: "Kostenhürde für Cut-Off bei e_1-Moral Hazard, KRL, $k_h \leq k_l + d_h$"

$$k_h + d_h\left(1+\frac{2}{-3+f_h}\right) + \frac{4c_1d_h}{\alpha(-3+f_h)f_h(-k_h+k_l)} \leq k_l + d_h$$

$$<=> c_1 \leq \frac{\alpha f_h(2d_h+(-3+f_h)(k_h-k_l))(k_h-k_l)}{4d_h}$$

Für höhere Kosten ergäbe sich ein Cut-Off über $k_l + d_h$. Fraglich ist, ob dieser vom Cut-Off $m = k_l + d_h$ dominiert wird. Für $m = k_l + d_h + x$ mit $x > 0$ gilt

$$P(G|e_{1l}) = 0$$

$$P(B|e_{1l}) = 1$$

Das daraus folgende vertraglich vereinbarte Gehalt

Formel 4.47: „IC-Nebenbedingung bei $m = k_l + d_h + x$"

$$A_{G_{m=k_l+d_h+x}} \geq -\frac{2c_1 d_h}{f_h(x - k_h + k_l)}$$

eingesetzt in Formel 3.10 ergibt den erwarteten Payoff (Herleitung siehe Anhang)

Formel 4.48: „Erwarteter Payoff bei e_1-Moral Hazard, KRL in Abhängigkeit von $m = k_l + d_h + x$"

$$E(R_{m=k_l+d_h+x})$$

$$= \frac{-8c_1 d_h - 4\alpha d_h^2 + \alpha(-3 + f_h)f_h(x - k_h + k_l)^2 - 4d_h(-2k_h + \alpha f_h(x - k_h + k_l))}{8d_h}$$

Die Ableitung des erwarteten Payoffs nach x wird null, wenn

Formel 4.49: „Payoffmaximierende Abweichung vom Cut-Off $m = k_l + d_h$"

$$x = (k_h - k_l) + \frac{2d_h}{-3 + f_h}$$

Da x als die Abweichung über $k_l + d_h$ definiert ist, stellt ein positiver x-Wert die payoffmaximierenden Abweichung des Cut-Offs über $k_l + d_h$ dar. Ein negativer x-Wert bedeutet, dass der Cut-Off gemäß Formel 4.45 zu wählen ist, jedoch maximal $k_l + d_h$ sein sollte, da danach der Payoff nicht weiter gesteigert wird. Der Term $\frac{2d_h}{-3+f_h}$ nimmt für $f_h = 0.5$ den maximalen Wert $-0.8d_h$ an. Damit x positiv ist, muss in diesem Fall der Term $k_h - k_l > 0.8d_h$ sein. Somit können das gemeinsame Auftreten eines unzuverlässigen Signals (f_h geht gegen 0.5), eines Schwankungsbereiches der den jeweils anderen Erwartungswert gerade so einschließt (d_h nur gering über dem Wert $k_h - k_l$) und einer großen Erwartungswertdifferenz $k_h - k_l$ dazu führen, dass es für den Principal optimal ist, einen Cut-Off $m > k_l + d_h$ zu wählen. Der Grund liegt darin, dass das erwartete Gehalt zuerst sinkt und dann konstant bleibt während der erwartete Fehler zuerst sinkt und dann ansteigt.

Gemäß Formel 4.44 sinkt das erwartete Gehalt mit steigendem Cut-Off bis $m = k_l + d_h$ auf c_1

$$\lim_{m \to k_l + d_h} \frac{c_1(-m + d_h + k_h)}{k_h - k_l} = c_1$$

Ab $m = k_l + d_h$ bleibt das erwartete Gehalt gemäß Formel 3.13

$$E\left(A_{m=k_l+d_h+x}\right) =$$

$$\left(\frac{k_h + d_h - m}{2d_h} * f_h + \frac{m - (k_h - d_h)}{2d_h} * (1 - f_l)\right) * A_{G_{m=k_l+d_h+x}}$$

mit dem vertraglich vereinbarten Gehalt gemäß Formel 4.47

$$A_{G_{m=k_l+d_h+x}} = -\frac{2c_1 d_h}{f_h(x - k_h + k_l)}$$

unabhängig vom Cut-Off konstant bei

$$E\left(A_{m=k_l+d_h+x}\right) = c_1$$

Der erwartete Fehler ist gemäß Formel 3.18 minimal bei

$$m^* = k_h + d_h(1 + \frac{2}{-3 + f_h})$$

Es ist in jedem Fall sinnvoll den Cut-Off solange nach rechts zu verschieben bis m^* erreicht ist, denn das erwartete Gehalt wird gleichzeitig entweder sinken oder ab $k_l + d_h$ konstant bleiben. Liegt m^* über $k_l + d_h$ so stellt es gleichzeitig das Optimum dar, denn ab $k_l + d_h$ bleibt das erwartete Gehalt konstant und ab m^* steigt der erwartete Fehler wieder. Liegt m^* vor $k_l + d_h$ dann kann es sinnvoll sein einen Cut-Off über m^* zu wählen, wenn dadurch der erwartete Fehler geringer ansteigt als das erwartete Gehalt abnimmt; jedoch wird der optimale Cut-Off dann maximal bei $k_l + d_h$ liegen.

Grundsätzlich gilt: Das optimale m liegt, wie bei Chen et al., über dem Erwartungswert k_h, sinkt jedoch in f_h und kann bei bestimmten Voraussetzungen sogar über $k_l + d_h$ liegen.

Erwarteter Payoff

Der Principal steht bei der vorliegende Parameterkonstellation der Verteilungen vor der strategischen Fragestellung entweder eine konservative Rechnungslegung oder die symmetrische Unsicherheit zu verfolgen. Es wurde gezeigt, dass bei der symmetrischen Unsicherheit der payoffmaximierende Cut-Off bei maximal $k_l + d_h$ liegt; bei der konservativen Rechnungslegung kann der Cut-Off gegebenenfalls über $k_l + d_h$ liegen. Es werden zuerst die erwarteten Payoffs bei einem Cut-Off unterhalb $k_l + d_h$ verglichen.

Der erwartete Payoff für symmetrische Unsicherheit lautet (Herleitung siehe Anhang)

Formel 4.50: „Erwarteter Payoff bei e_1-Moral Hazard, SU und $k_h \leq k_l + d_h$“

$$E(R_{SU}) = k_h + d_h(\frac{1}{4}(-6 + \frac{1}{f} + 4f)\alpha + \frac{c_1(fc_1 + \alpha(-k_h + k_l))}{(-1 + 2f)\alpha(k_h - k_l)^2})$$

Der erwartete Payoff für konservative Rechnungslegung lautet (Herleitung siehe Anhang)

Formel 4.51: „Erwarteter Payoff bei e_1-Moral Hazard, KRL und $k_h \leq k_l + d_h$“

$$E(R_{KRL}) = \frac{4(-2 + f)k_h + d_h((5 - 4f)\alpha + \frac{4c_1(\frac{c_1}{\alpha - 2f\alpha} + k_h - k_l)}{(k_h - k_l)^2})}{4(-2 + f)}$$

Da die Bedingung (Herleitung siehe Anhang)

Formel 4.52: „Dominanzbedingung für KRL über SU “

$$E(R_{SU}) < E(R_{KRL})$$

$$<=>$$

$$c_1 > -\frac{\sqrt{-(-2+f)f(-1+2f(5+4(-1+f)f))\alpha^2(k_h-k_l)^2}+3f\alpha(-k_h+k_l)}{2(-1+f)f}$$

stets erfüllt ist, dominiert die konservative Rechnungslegung die symmetrische Unsicherheit bei einem Cut-Off unterhalb $k_l + d_h$. Ein erwarteter Payoff mit Cut-Off ab $k_l + d_h$ bei konservativer Rechnungslegung würde die symmetrische Unsicherheit ebenfalls dominieren, da es zu einem solchen Cut-Off nur dann käme, wenn damit eine erwartete Payoffsteigerung einherginge. Der Grund für die Dominanz der konservativen Rechnungslegung liegt darin, dass sie zu einem sehr viel niedrigeren erwarteten Gehalt als bei symmetrischer Unsicherheit führt. Das erwartete Gehalt für konservative Rechnungslegung lautet gemäß Formel 4.44

$$E(A_{KRL}) = \frac{c_1(-m+d_h+k_h)}{k_h-k_l}$$

mit optimalem Cut-Off gemäß Formel 4.45

$$m = k_h + d_h(1+\frac{2}{-3+f_h}) + \frac{4c_1d_h}{\alpha(-3+f_h)f_h(-k_h+k_l)}$$

und konstanten Gesamtfehlerwahrscheinlichkeit

$$f_h = 2f - 1$$

folgt

$$E(A_{KRL}) = \frac{c_1 d_h (2c_1 - (-1 + 2f)\alpha(k_h - k_l))}{(-2 + f)(-1 + 2f)\alpha(k_h - k_l)^2}$$

Das erwartete Gehalt für symmetrische Unsicherheit lautet gemäß Formel 4.38

$$E(A_{SU}) = \frac{c_1(m - 2fm + d_h + (-1 + 2f)k_h)}{(-1 + 2f)(k_h - k_l)}$$

Mit dem optimalen Cut-Off gemäß Formel 4.39

$$m = k_h + \frac{2fc_1 d_h}{(-1 + 2f)\alpha(k_h - k_l)}$$

folgt

$$E(A_{SU}) = \frac{c_1 d_h(-2fc_1 + \alpha(k_h - k_l))}{(-1 + 2f)\alpha(k_h - k_l)^2}$$

Das erwartete Gehalt ist bei KRL stets kleiner als bei SU, da

$$E(A_{KRL}) < E(A_{SU})$$

$$\Leftrightarrow \frac{c_1 d_h (2c_1 - (-1 + 2f)\alpha(k_h - k_l))}{(-2 + f)(-1 + 2f)\alpha(k_h - k_l)^2} < \frac{c_1 d_h(-2fc_1 + \alpha(k_h - k_l))}{(-1 + 2f)\alpha(k_h - k_l)^2}$$

$$<=> \frac{(2c_1 - (-1 + 2f)\alpha(k_h - k_l))}{(-2 + f)} < (-2fc_1 + \alpha(k_h - k_l))$$

$$<=> \frac{3(\alpha k_h - \alpha k_l)}{2(-1 + f)} < c_1$$

für $f < 1$ erfüllt ist. Bei symmetrischer Unsicherheit ist zwar der erwartete Fehler ab einem gewissen Kostenlevel geringer (Herleitung siehe Anhang)

Formel 4.53: „Kostenlevel ab dem der erwartete Fehler bei SU geringer ist als bei KRL“

$$c_1 \geq \frac{(-1 + 2f)\alpha(k_h - k_l)}{\sqrt{2}\sqrt{f}}$$

Jedoch reicht dieser Vorteil nicht, um den Unterschied des erwarteten Gehalts an diesem Punkt zu kompensieren. Bei steigenden Kosten bleibt der erwartete Fehler der symmetrischen Unsicherheit geringer, aber auch die Bedeutung des erwarteten Gehalts nimmt zu, was den Vorteil der konservativen Rechnungslegung verstärkt.

Grundsätzlich gilt somit: Für die vorliegende Parameterkonstellation ist die konservative Rechnungslegung die dominante Strategie.

4.4 Mit Moral Hazard nur beim schwankungsbereichbeeinflussenden Aufwand

Im diesem Fall kann der Principal die erwartungswerterhöhende Anstrengung e_1 beobachten, nicht jedoch die schwankungsbereichverkleinernde Anstrengung e_2. Dies kann der Fall sein, wenn der Principal sich besonders gut mit dem Aufgabengebiet der Anstrengung e_1 auskennt oder die zugehörigen Aufgaben wohldefiniert und nicht zu umfangreich sind. Für die Steigerung der Nachfrage nach bereits etablierten Produkten und einer hohen Kundentreue wie etwa bei Waschmittel oder Zigaretten[41] schaltet man üblicherweise in einem kurzen Zeitraum eng getaktete Wiedererkennungswerbung. Je häufiger die Werbung ausgestrahlt und gesehen wird, desto höher ist die darauffolgende Produktnachfrage. In diesem Beispiel kann der Principal den Aufwand e_1 des Agenten gut beobachten.

Mit dem Aufwand e_2 kann der Manager die Schwankung der Verteilung einengen, z.B. indem die richtigen Zielgruppen erreicht und mit ihren spezifischen Vorlieben beworben werden, also das Werbekonzept im Hinblick auf Ort, Zeit und Präferenz der jeweiligen Zielgruppen optimiert wurde. Wenn er diesen zusätzlichen Aufwand e_2 wählt, wird der Schwankungsbereich von d_l auf d_h verkleinert[42]. Diesen Aufwand kann der Principal aus den bereits aufgeführten Gründen nicht beobachten.

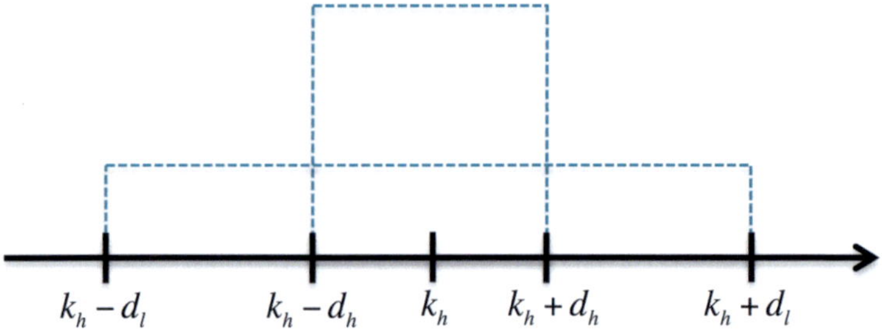

Abbildung 9: „Beispielhafte Verteilungsparameter bei e_2-MH“

[41] Vgl. Dawes (2014).

[42] Der Index „h“ steht wie bereits zuvor für den Wert, der sich bei hohem Effort ergibt. Der aus dem Effort resultierende Schwankungswert d_h ist jedoch kleiner als d_l.

Um den Agenten zu motivieren e_{2h} zu wählen und somit eine Schwankung $d_h < d_l$ zu erreichen, muss Formel 3.8 erfüllt sein (Herleitung siehe Anhang)

Formel 4.54: „IC-Nebenbedingung für e_2-Moral Hazard"

$$\frac{k_h + d_h - m}{2d_h}(f_h * A_G + (1 - f_h) * A_B)$$

$$+\frac{m - (k_h - d_h)}{2d_h}(f_l * A_B + (1 - f_l) * A_G) - c_2 - c_1$$

$$\geq \frac{k_h + d_l - m}{2d_l}(f_h * A_G + (1 - f_h) * A_B)$$

$$+\frac{m - (k_h - d_l)}{2d_l}(f_l * A_B + (1 - f_l) * A_G) - c_1$$

$$<=> A_G \geq \frac{2c_2 d_h d_l}{(d_h - d_l)(-1 + f_h + f_l)(m - k_h)}$$

In diesem Fall können Cut-Offs über dem Erwartungswert bereits ausgeschlossen werden, denn wenn m über k_h liegt, so würde der Agent durch e_{2h} seine Chance auf eine gute Ertragsumgebung verringern. Bei $m = k_h$ blieben seine Chance zumindest unverändert. Beide Fälle bieten keinen Anreiz für den Agenten den Schwankungsbereich einzuengen. Daher ist es beim e_2-Moral Hazard zwingend notwendig, dass m kleiner als k_h ist, damit der Agent mit positivem A_G motiviert wird e_{2h} aufzuwenden.

Liegt der Cut-Off über dem unteren Rand der engen Verteilung, $m > k_h - d_h => m = k_h - d_h + x$ mit $0 < x < d_h$, so gilt eingesetzt in Formel 4.54

Formel 4.55: „IC-Nebenbedingung für e_2-MH, $m = k_h - d_h + x$"

$$A_{G_{m>k_h-d_h}} \geq \frac{2c_2 d_h d_l}{(x - d_h)(d_h - d_l)(-1 + f_h + f_l)}$$

Wählt der Principal einen Cut-Off auf oder unter dem Rand der engeren Verteilung, so führt ein hoher Effort e_{2h} in jedem Fall zu einer guten Ertragsumgebung. Wenn der Principal den Cut-Off bei $m \leq k_h - d_h \Rightarrow m = k_h - d_h - x$ mit $0 \leq x$ wählt, folgt daraus

$$P(G|e_{1h}, e_{2h}) = 1$$

$$P(B|e_{1h}, e_{2h}) = 0$$

eingesetzt in Formel 4.54 folgt (Herleitung siehe Anhang)

Formel 4.56: „IC-Nebenbedingung für e_2-MH, $m \leq k_h - d_h$“

$$A_{G_{m \leq k_h - d_h}} \geq \frac{2c_2 d_l}{(-1 + f_h + f_l)(m + d_l - k_h)}$$

$$\Leftrightarrow A_{G_{m \leq k_h - d_h}} \geq \frac{2c_2 d_l}{(-x - d_h + d_l)(-1 + f_h + f_l)}$$

und für das erwartete Gehalt (Herleitung siehe Anhang)

Formel 4.57: „Erwartetes Gehalt bei e_2-MH, $m \leq k_h - d_h$“

$$E\left(A_{m \leq k_h - d_h}\right) = A_G * f_h$$

Fall: $f_h = f_l = f$

Bei symmetrischer Unsicherheit ergibt sich für einen Cut-Off $m > k_h - d_h \Rightarrow m = k_h - d_h + x$ mit $0 < x < d_h$ gemäß Formel 4.55

Formel 4.58: „IC-Nebenbedingung für e_2-MH, SU, $m > k_h - d_h$“

$$A_{G_{m>k_h-d_h}} \geq \frac{2c_2 d_h d_l}{(-1+2f)(x-d_h)(d_h-d_l)}$$

Eingesetzt in Formel 3.13 lautet das erwartete Gehalt

Formel 4.59: „Erwartetes Gehalt bei e_2-MH, SU, $m > k_h - d_h$“

$$E\left(A_{m>k_h-d_h}\right) = \frac{c_2(x-2fx+2fd_h)d_l}{(-1+2f)(x-d_h)(d_h-d_l)}$$

Die Ableitung des erwarteten Gehalts nach x lautet

$$\frac{dE\left(A_{m>k_h-d_h}\right)}{dx} = -\frac{c_2 d_h d_l}{(-1+2f)(x-d_h)^2(d_h-d_l)} > 0$$

und zeigt, dass das erwartete Gehalt in x steigt. Das bedeutet je höher der Cut-Off ist, umso höher ist das erwartete Gehalt.

Gemäß Formel 3.14 lautet der erwartete Fehler für den Cut-Off $m = k_h - d_h + x$

$$E\left(F_{m=k_h-d_h+x}\right) = \frac{\alpha\left((-1+2f)(x-d_h)^2 + (-1+6f-4f^2)d_h^2\right)}{4fd_h}$$

Die Ableitung des erwarteten Fehlers nach x lautet

$$\frac{dE\left(F_{m=k_h-d_h+x}\right)}{dx} = \frac{(-1+2f)\alpha(x-d_h)}{2fd_h} < 0$$

und zeigt, dass der erwartete Fehler in x sinkt.

Der optimale Cut-Off mit $x = m - k_h + d_h$ lautet gemäß Formel 4.1 (Herleitung siehe Anhang)

Formel 4.60: „Optimalitätskriterium für e_2-MH, SU“

$$\frac{dE\left(A_{m>k_h-d_h}\right)}{dx} = -\frac{dE\left(F_{m=k_h-d_h+x}\right)}{dx}$$

$$<=> m = k_h - \frac{\left(2*(1-2f)^4 f\alpha^2 c_2 d_h^2 (d_h-d_l)^2 d_l\right)^{1/3}}{(1-2f)^2\alpha(d_l-d_h)}$$

Für $f = 1$ liegt der optimale Cut-Off bei dem von Chen et al. gefundenen

$$m_{f=1} = k_h - \sqrt[3]{\frac{2{d_h}^2 * d_l * c_2}{\alpha(d_l-d_h)}}$$

Der Cut-Off sinkt jedoch mit sinkendem f. Die Ableitung des optimalen Cut-Offs nach f lautet

$$\frac{dm}{df} = -\frac{2^{1/3}(-1+4f^2)\alpha c_2 d_h^2 (d_h-d_l)d_l}{3\left((1-2f)^4 f\alpha^2 c_2 d_h^2 (d_h-d_l)^2 d_l\right)^{2/3}} > 0$$

Wenn f sinkt, bedeutet dies, dass das Signal immer weniger vertrauenswürdig ist und somit tritt der Aspekt der Reduzierung des erwarteten Gehalts in den Vordergrund.

Solange der optimale Cut-Off größer ist als $k_h - d_h$ (inneres Optimum), gilt für ihn

Formel 4.61: „Kostenbedingung für Cut-Off größer Verteilungsrand"

$$m = k_h - \frac{\left(2 * (1-2f)^4 f \alpha^2 c_2 d_h^2 (d_h - d_l)^2 d_l\right)^{1/3}}{(1-2f)^2 \alpha (d_l - d_h)}$$

Dies kann nur vorkommen, wenn die folgende notwendige aber nicht hinreichende Bedingung erfüllt ist:

$$k_h - \frac{\left(2 * (1-2f)^4 f \alpha^2 c_2 d_h^2 (d_h - d_l)^2 d_l\right)^{1/3}}{(1-2f)^2 \alpha (d_l - d_h)} > k_h - d_h$$

$$<=> c_2 \leq \frac{(-1+2f)^2 \alpha d_h (d_l - d_h)}{2 f d_l}$$

Für $m = k_h - d_h - x$ mit $0 \leq x$ lautet das vertraglich vereinbarte Gehalt (Herleitung siehe Anhang)

Formel 4.62: „IC-Nebenbedingung für e_2-MH, SU, $m = k_h - d_h - x$"

$$A_{G_{m \leq k_h - d_h}} \geq \frac{2 c_2 d_l}{(-1+2f)(m + d_l - k_h)}$$

und somit das erwartete Gehalt (Herleitung siehe Anhang)

Formel 4.63: „Erwartetes Gehalt für e_2-MH, SU, $m = k_h - d_h - x$"

$$E\left(A_{m=k_h-d_h-x}\right) = \frac{2fc_2d_l}{(-1+2f)(d_l-d_h-x)}$$

Da $d_l - d_h > 0$ gilt, ist zu erkennen, dass das erwartete Gehalt in x steigt. Da somit das erwartete Gehalt steigt, wenn sich m von $k_h - d_h$ nach links entfernt und der erwartete Fehler sich ebenfalls vergrößert, da dieser für symmetrische Unsicherheit bei $m = k_h$ minimal ist, dominiert die Lösung $x = 0$ alle $0 < x$. Fraglich ist, ob der erwartete Payoff bei Rand-Cut-Off $m = k_h - d_h$ vom erwarteten Payoff beim optimalen $m > k_h - d_h$ stets dominiert wird.

Der erwartete Payoff mit bei $m > k_h - d_h$ lautet (Herleitung siehe Anhang)

Formel 4.64: „Erwarteter Payoff bei e_2-MH, SU, $m > k_h - d_h$"

$$E\left(R_{m>k_h-d_h}\right) =$$

$$\frac{\left(\begin{array}{c} fc_2d_l\left(-3*2^{2/3}(-1+2f)\alpha d_h(d_h-d_l)+4\left(f(-1+2f)^4\alpha^2c_2d_h^2(d_h-d_l)^2d_l\right)^{1/3}\right) \\ +(d_h-d_l)\left((1-2f)^4f\alpha^2c_2d_h^2(d_h-d_l)^2d_l\right)^{1/3}\left((1-6f+4f^2)\alpha d_h+4fk_h\right) \end{array}\right)}{4f(d_h-d_l)((1-2f)^4f\alpha^2c_2d_h^2(d_h-d_l)^2d_l)^{1/3}}$$

Der erwartete Payoff mit Rand-Cut-Off lautet (Herleitung siehe Anhang)

Formel 4.65: „Erwarteter Payoff bei e_2-MH, SU, $m = k_h - d_h$"

$$E\left(R_{m=k_h-d_h}\right) =$$

$$\frac{(1-2f)\alpha d_h^2 + (4fc_2 + (-1+2f)\alpha d_h)d_l}{2(-1+2f)(d_h - d_l)} + k_h$$

Der Rand-Cut-Off wird dominiert vom Cut-Off $m > k_h - d_h$, wenn die folgende Differenz positiv ist (Herleitung siehe Anhang)

Formel 4.66: „Payoff bei m größer Verteilungsrand abzüglich m auf Verteilungsrand“

$$E\left(R_{m>k_h-d_h}\right) - E\left(R_{m=k_h-d_h}\right) =$$

$$\frac{\begin{array}{c}(-1+2f)^5\alpha d_h(d_h-d_l)^2\\ -4(1-2f)^2 fc_2(d_h-d_l)d_l\end{array}}{4f(-1+2f)^3(d_h-d_l)^2} - \frac{\frac{3(2*f(-1+2f)^4\alpha^2 c_2 d_h^2(d_h-d_l)^2 d_l)^{2/3}}{\alpha d_h}}{4f(-1+2f)^3(d_h-d_l)^2}$$

Zur besseren Darstellung wurde der Ausdruck auf zwei Brüche mit gleichem Nenner aufgeteilt. Die Nenner sind stets positiv. Die Terme im Zähler (Herleitung siehe Anhang)

Formel 4.67: "Erster Term im Zähler der Payoffdifferenz"

$$(-1+2f)^5\alpha d_h(d_h-d_l)^2 - 4(1-2f)^2 fc_2(d_h-d_l)d_l$$

und

Formel 4.68: "Zweiter Term im Zähler der Payoffdifferenz"

$$\frac{3*2^{2/3}(f(-1+2f)^4\alpha^2 c_2 d_h^2(d_h-d_l)^2 d_l)^{2/3}}{\alpha d_h}$$

sind jeweils positiv. Fraglich ist, wann der zweite Term größer als der erste ist und es somit sinnvoll ist den Rand-Cut-Off zu wählen. Algebraisch ist dies nicht sofort ersichtlich. Die Zusammenhänge aus Formel 4.66 können besser graphisch verstanden werden, wobei die Bedingung gemäß Formel 4.61 erfüllt sein muss, damit der Rand-Cut-Off nicht per se dominant ist; für die Kosten wird zuerst ein Wert gewählt, der weit weg von den maximal zulässigen Kosten ist, nämlich

$$c_{2_{klein}} = (-\frac{(1-2f)^2 \alpha d_h (d_h - d_l)}{2 f d_l})/10$$

und anschließend ein Wert, der nur knapp unter den maximal zulässigen Kosten liegt, nämlich

$$c_{2_{groß}} = (-\frac{(1-2f)^2 \alpha d_h (d_h - d_l)}{2 f d_l})/1.1$$

wodurch sich die Funktionen

Formel 4.69: „Payoff bei "Überrand-Cut-Off" abzüglich "Rand-Cut-Off", SU c_2 klein, e_2-MH“

$$z := E\left(R_{m > k_h - d_h, c_{2_{klein}}}\right) - E\left(R_{m = k_h - d_h, c_{2_{klein}}}\right)$$

$$= \frac{\frac{2}{5}(1-2f)^4(-2+5f)\alpha d_h (d_h - d_l)^2 - \frac{3(-(-1+2f)^6 \alpha^3 d_h^3 (d_h - d_l)^3)^{2/3}}{10^{2/3} \alpha d_h}}{4f(-1+2f)^3 (d_h - d_l)^2}$$

und

Formel 4.70: „Payoff bei "Überrand-Cut-Off" abzüglich "Rand-Cut-Off", SU c_2 groß, e_2-MH“

$$z := E\left(R_{m>k_h-d_h,c_{2_{groß}}}\right) - E\left(R_{m=k_h-d_h,c_{2_{groß}}}\right)$$

$$= \frac{1.818(1-2f)^4\alpha d_h(d_h-d_l)^2 + (-1+2f)^5\alpha d_h(d_h-d_l)^2 - \frac{2.8153\left(-(1-2f)^6\alpha^3 d_h^3(d_h-d_l)^3\right)^{2/3}}{\alpha d_h}}{4f(-1+2f)^3(d_h-d_l)^2}$$

ergeben. Diese beiden Funktionen werden in Abbildung 10 und Abbildung 11 bzw. Abbildung 12 und Abbildung 13 mit $d_h = 10$, $d_l = 20$ im Bereich von $f\epsilon(0.5,1]$ und $\alpha\epsilon[0,1]$ dargestellt. Die Nullebene in dunkelblau dient jeweils der besseren Veranschaulichung, ab wann Werte positiv und somit vorteilhaft werden.

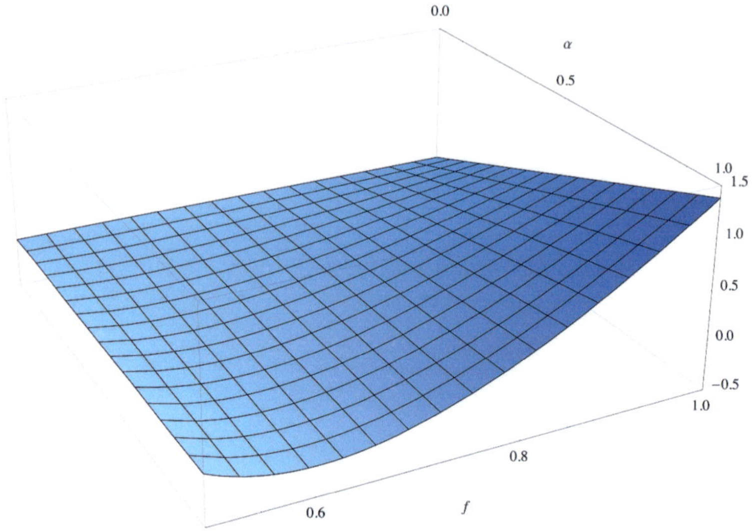

Abbildung 10: „Payoff bei Überrand-Cut-Off abzüglich Rand-Cut-Off, SU c_2 klein, ohne Nullebene, e_2-MH“

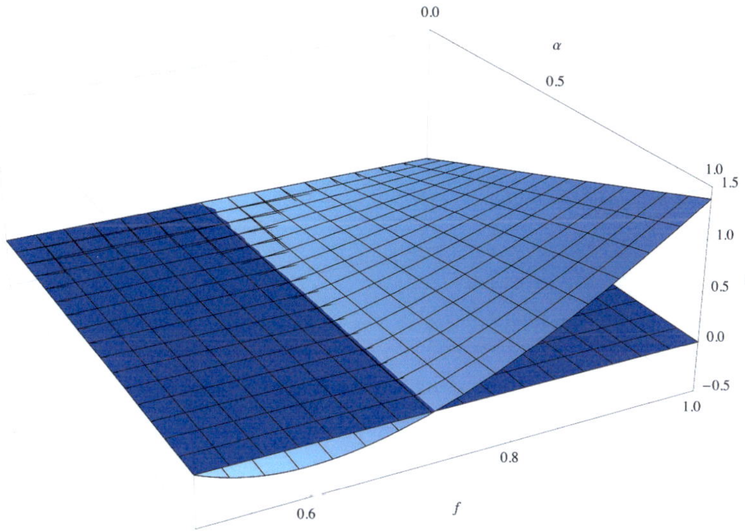

Abbildung 11: „Payoff bei Überrand-Cut-Off abzüglich Rand-Cut-Off, SU c_2 klein, mit Nullebene, e_2-MH“

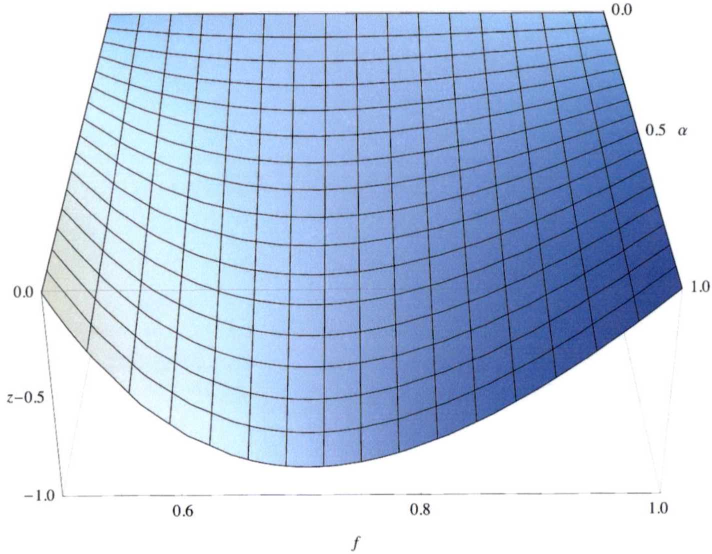

Abbildung 12: „Payoff bei Überrand-Cut-Off abzüglich Rand-Cut-Off, SU c_2 groß, ohne Nullebene, e_2-MH"

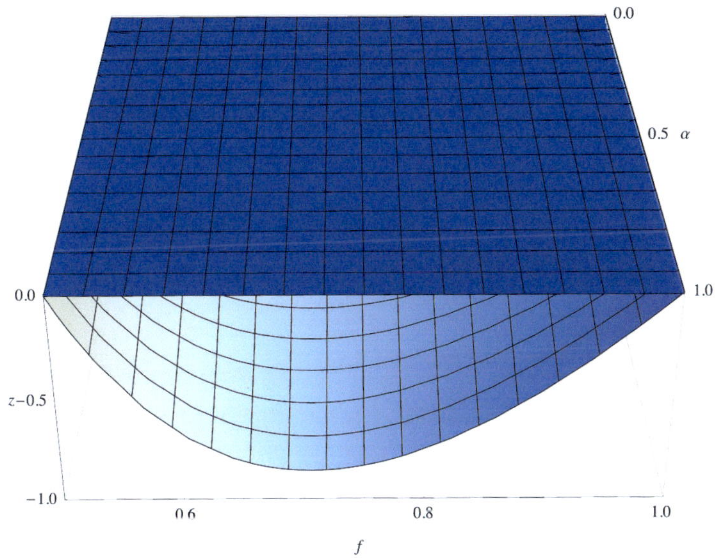

Abbildung 13: „Payoff bei Überrand-Cut-Off abzüglich Rand-Cut-Off, SU c_2 groß, mit Nullebene, e_2-MH"

Die Differenz ist in beiden Fällen ein Parabelverlauf in Abhängigkeit der Signalgüte. Zusätzlich begünstigt ein hohes α den Überrand-Cut-Off, da mit steigendem α die Abweichungskosten steigen, die der Manager durch die Nutzung eines Signals minimieren will. Für niedrige Kosten ist der Überrand-Cut-Off die bessere Wahl solange die Qualität des Signals hoch ist. Mit einem Senken des Cut-Offs tauscht der Principal einen etwas höheren erwarteten Fehler gegen ein etwas niedrigeres erwartetes Gehalt des Agenten. Nimmt das Vertrauen in das Signal jedoch ab, ist der Principal immer mehr dazu geneigt den gesamten erwarteten Fehler zu tauschen, da dieser aufgrund des unzuverlässigen Signals ohnehin hoch ausfällt. Somit sinkt die Vorteilhaftigkeit des Überrand-Cut-Offs bis schließlich das Signal so unzuverlässig ist, dass der Rand-Cut-Off, bei dem zwar der erwartete Fehler sehr hoch ist, aber das erwartete Gehalt ein Minimum erreicht, die bessere Wahl ist. Sinkt die Signalqualität noch weiter (f gegen

0.5), nimmt die Nachteilhaftigkeit des Überrand-Cut-Offs wieder ab, weil bei solchen Überrand-Cut-Off-Werten das erwartete Gehalt ebenfalls sehr niedrig ist und der zusätzlich erwartete Fehler gering ist; eine Dominanz des Überrand-Cut-Offs wird jedoch nicht mehr erreicht. Dies zeigt, dass f nicht erst maximal unzuverlässig werden muss mit $f = 0.5$, damit ein kompletter Verzicht auf das Signal stattfindet. Für sehr hohe Kosten überwiegt der Nutzen des Principals das erwartete Gehalt des Agenten zu senken vor der Verwertung des Signals und somit ist der Rand-Cut-Off stets besser.

Insgesamt lässt sich feststellen: Das optimale m liegt wie bei Chen et al. unter dem Erwartungswert k_h, steigt jedoch in f. Hohe Kosten c_2 und niedrige Signalzuverlässigkeiten begünstigen einen Rand-Cut-Off.

Fall: $f_l = 1$

Für einen Cut-Off über dem Verteilungsrand der engeren Verteilung, d.h. $m > k_h - d_h \Rightarrow m = k_h - d_h + x$ mit $0 < x < d_h$, lautet die IC-Nebenbedingung (Herleitung siehe Anhang)

Formel 4.71: „IC-Nebenbedingung für e_2-MH, KRL, $m = k_h - d_h + x$“

$$A_{G_{m>k_h-d_h}} \geq \frac{2c_2 d_h d_l}{(x - d_h)(d_h - d_l)f_h}$$

Eingesetzt in Formel 3.13 erhält man das erwartete Gehalt (Herleitung siehe Anhang)

Formel 4.72: „Erwartetes Gehalt für e_2-MH, KRL, $m = k_h - d_h + x$“

$$E(A_{m>k_h-d_h}) = \frac{c_2(-x + 2d_h)d_l}{(x - d_h)(d_h - d_l)}$$

Die Ableitung des erwarteten Gehalts nach x lautet

$$\frac{dE\left(A_{m>k_h-d_h}\right)}{dx} = -\frac{c_2 d_h d_l}{(x-d_h)^2(d_h-d_l)} > 0$$

und zeigt, dass das erwartete Gehalt in x steigt. Gemäß Formel 3.14 lautet der erwartete Fehler

$$E\left(F_{m=k_h-d_h+x}\right) = \frac{\alpha(4d_h^2 + (x-2d_h)(3x-2d_h)f_h - (x-2d_h)^2 f_h^2)}{8d_h}$$

Die Ableitung des erwarteten Fehlers nach x lautet

$$\frac{dE\left(F_{m=k_h-d_h+x}\right)}{dx} = \frac{\alpha(-x(-3+f_h) + 2d_h(-2+f_h))f_h}{4d_h}$$

Der erwartete Fehler sinkt in x, wenn die Ableitung negativ ist, also wenn gilt

$$\frac{\alpha\left(-x(-3+f_h) + 2d_h(-2+f_h)\right)f_h}{4d_h} < 0$$

$$<=> \left(-x(-3+f_h) + 2d_h(-2+f_h)\right) < 0$$

$$<=> x < 2d_h \frac{-2+f_h}{-3+f_h}$$

Für $f_h = 1$ lautet die Bedingung $x < 2d_h \frac{-2+1}{-3+1} = d_h$ und für $f_h < 1$ steigt der Term $\frac{-2+f_h}{-3+f_h}$, sodass die Ungleichung erst recht erfüllt ist; ein $x \geq d_h$ würde den Agenten nicht motivieren e_{2h} aufzuwenden. Somit sinkt der erwartete Fehler in x für alle e_{2h}-motivierende x-Werte, nämlich die Werte von $0 < x < d_h$.

Im Optimum gilt (Herleitung siehe Anhang)

Formel 4.73: „Optimalitätsbedingung für Cut-Off bei e_2-MH, KRL“

$$c_2 = -\frac{\alpha(x-d_h)^2(d_h-d_l)(x(-3+f_h)-2d_h(-2+f_h))f_h}{4d_h^2 d_l}$$

bzw. mit $x = m - k_h + d_h$

$$c_2 = \frac{\alpha(d_h-d_l)f_h(d_h(-1+f_h)-(-3+f_h)(m-k_h))(m-k_h)^2}{4d_h^2 d_l}$$

Aufgelöst nach m bzw. x führt diese Gleichung zu keinem gut interpretierbaren Ergebnis. Aufgelöst nach c_2 mit $x = m - k_h + d_h$ lässt sich erkennen, dass m größer wird, d.h. von links gegen k_h geht, wenn c_2 kleiner wird. Allein bezogen auf den erwarteten Fehler, will der Principal den Cut-Off über k_h setzen, kann damit jedoch den Agenten nicht zu e_{2h} motivieren und muss ihn somit unter k_h setzen. Je weiter der Principal m unterhalb von k_h setzt, desto geringer ist das von ihm an den Agenten zu zahlende erwartete Gehalt und desto größer auch der erwartete Fehler. Bei höherem c_2 fordert der Agent ein höheres vertragliches Gehalt und somit steigt sein erwartetes Gehalt ceteris paribus. Dadurch ist es bei hohem c_2 für den Principal umso wichtiger das erwartete Gehalt durch weitere Verschiebung des Cut-Offs nach links von k_h zu verringern, auch wenn er dafür einen größeren erwarteten Fehler in Kauf nehmen muss.

Die Ableitung der Kosten nach f_h lautet

$$\frac{dc_2}{df_h} = \frac{\alpha(d_h - d_l)(m - k_h)^2(d_h(-1 + 2f_h) - (-3 + 2f_h)(m - k_h))}{4d_h^2 d_l}$$

Der Term

$$\alpha(d_h - d_l)$$

ist stets negativ und

$$(m - k_h)^2$$

ist stets positiv. Da

$$d_h(-1 + 2f_h) - (-3 + 2f_h)(m - k_h) > 0$$

$$<=> d_h > \frac{(-3 + 2f_h)}{(2f_h - 1)}(k_h - m)$$

stets erfüllt ist, denn der Term

$$\frac{(-3 + 2f_h)}{(2f_h - 1)}$$

ist für alle zulässigen f_h-Werte negativ und $(k_h - m)$ ist stets positiv, da ein Cut-Off über k_h kein agentenmotivierender Wert ist, ist die Ableitung insgesamt stets negativ. Somit sinkt mit steigendem f_h der Zähler und somit sinkt insgesamt c_2, was bedeutet, dass m größer wird. Zusammengefasst wird mit steigendem f_h der Cut-Off größer und bewegt sich von links gegen k_h.

Für $m = k_h - d_h - x$ mit $0 \leq x \leq d_l - d_h$ lautet das vertragliche Gehalt (Herleitung siehe Anhang)

Formel 4.74: „Vertragliches Gehalt bei e_2-MH, KRL mit Rand-Cut-Off"

$$A_{G_{m \leq k_h - d_h}} \geq -\frac{2c_2 d_l}{(x + d_h - d_l) f_h}$$

und somit das erwartete Gehalt (Herleitung siehe Anhang)

Formel 4.75: „Erwartetes Gehalt bei e_2-MH, KRL mit Rand-Cut-Off"

$$E\left(A_{m \leq k_h - d_h}\right) = \frac{2c_2 d_l}{d_l - d_h - x}$$

Da das erwartete Gehalt in x steigt, d.h. wenn sich m von $k_h - d_h$ nach links entfernt, und die Signalverwertung nicht besser wird, dominiert die Lösung $x = 0$ alle $x > 0$.

Fraglich ist, ob der erwartete Payoff bei $m = k_h - d_h + x$ (Herleitung siehe Anhang)

Formel 4.76: „Erwarteter Payoff bei e_2-MH, KRL, $m > k_h - d_h$"

$$E\left(R_{m > k_h - d_h}\right)$$

$$= \frac{\alpha(-4d_h^3 + (6x - 5d_h)(x - 2d_h)^2 f_h - (2x - 3d_h)(x - 2d_h)^2 f_h^2) + 8d_h^2 k_h}{8d_h^2}$$

den erwarteten Payoff des Rand-Cut-Offs $m = k_h - d_h$ (Herleitung siehe Anhang)

Formel 4.77: „Erwarteter Payoff bei e_2-MH, KRL mit Rand-Cut-Off"

$$E\left(R_{m=k_h-d_h}\right) = \frac{4c_2d_l + \alpha d_h(-d_h + d_l)}{2(d_h - d_l)} + k_h$$

stets dominiert, wobei für den erwarteten Payoff mit Rand-Cut-Off zur Vergleichbarkeit dieselben Kosten gemäß Formel 4.73 mit $m = k_h - d_h + x$

$$c_2 = -\frac{\alpha(x - d_h)^2(d_h - d_l)(x(-3 + f_h) - 2d_h(-2 + f_h))f_h}{4d_h^2 d_l}$$

verwendet werden müssen, sodass gilt

Formel 4.78: „Erwarteter Payoff bei e_2-MH, KRL mit Rand-Cut-Off mit adjustierten Kosten"

$$E\left(R_{m=k_h-d_h}\right)$$

$$= \frac{\alpha(-d_h^3 + (3x - 4d_h)(x - d_h)^2 f_h - (x - 2d_h)(x - d_h)^2 f_h^2) + 2d_h^2 k_h}{2d_h^2}$$

Stellt man die Differenz

$$z \coloneqq E\left(R_{m>k_h-d_h}\right) - E\left(R_{m=k_h-d_h}\right)$$

grafisch dar mit $k_h = 100$, $d_h = 10$, $d_l = 20$, $\alpha = 0.1$ über den Bereich $0.5 < f_h \leq 1$ und $0 < x < d_h$, ergibt sich der schematische Zusammenhang

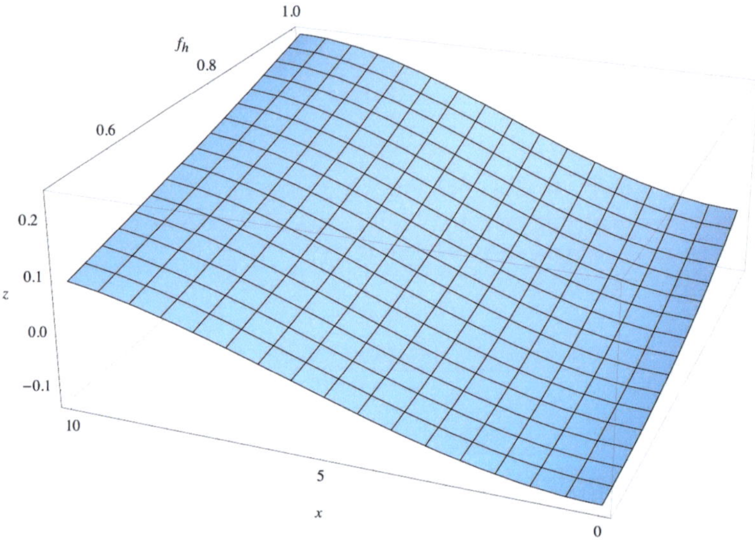

Abbildung 14: „Payoff bei „Überrand-Cut-Off" abzüglich „ Rand-Cut-Off", KRL, ohne Nullebene"

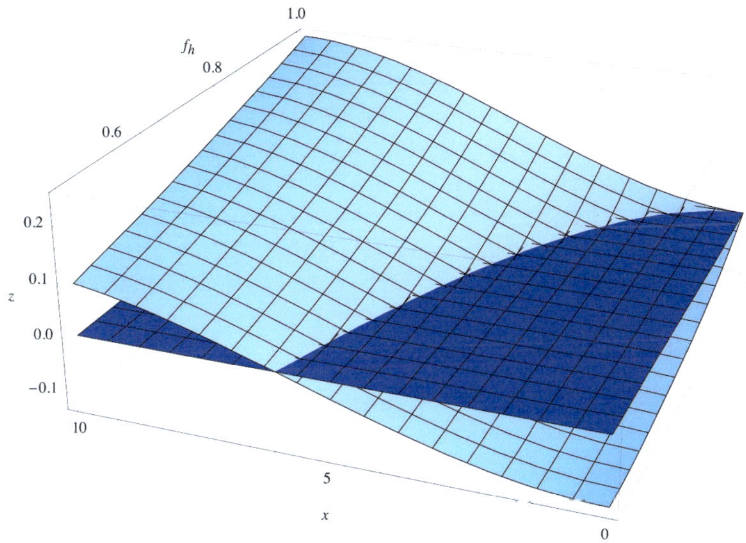

Abbildung 15: „Payoff bei „Überrand-Cut-Off" abzüglich „Rand-Cut-Off", KRL, mit Nullebene"

Es ist zu erkennen, dass für hohe x-Werte – dies bedeutet gleichzeitig niedrige c_2 Werte – der erwartete Payoff mit Überrand-Cut-Off $(m = k_h - d_h + x)$ für jedes f_h besser ist als der erwartete Payoff mit Rand-Cut-Off. Je niedriger x wird – d.h. je höher c_2 wird – desto eher dominiert der erwartete Payoff mit Rand-Cut-Off $(m = k_h - d_h)$. Außerdem wird der erwartete Payoff bei Rand-Cut-Off stets durch ein niedriges f_h begünstigt. Der Grund ist, dass der Agent mit steigenden Kosten c_2 für den Principal immer teurer wird und seinen Gewinn verringert. Dem wirkt der Principal dadurch entgegen, dass er das erwartete Gehalt durch einen kleineren Cut-Off senkt. Dadurch kann er das Signal nicht mehr so gut verwerten wie zuvor und bei Rand-Cut-Off kann er auf das Signal im Hinblick auf seine Entscheidung i gänzlich verzichten, aber der Bereich, in dem sich s realisieren wird, ist ohnehin nur ein kleiner Schwankungsbereich.

Beim Verschieben des Cut-Offs nach links in Richtung Verteilungsrand fällt das erwartete Gehalt kontinuierlich bis es beim Rand-Cut-Off sein Minimum erreicht hat, während der erwartete Fehler immer weiter zunimmt und ab einem bestimmten Cut-Off den erwarteten Fehler übersteigt, der bei Rand Cut-Off gelten würde. Spätestens ab hier springt der Principal vom Überrand-Cut-Off zum Rand-Cut-Off, da er dadurch das erwartete Gehalt weiter senkt während der erwartete Fehler gleich bleibt. Jedoch kann dieser Sprung bereits früher stattfinden, wenn nämlich dadurch das erwartete Gehalt stärker gesenkt wird, als der erwartete Fehler zunimmt.

Zusammenfassend lässt sich feststellen: Das optimale m liegt wie bei Chen et al. unter dem Erwartungswert k_h, steigt jedoch in f_h. Hohe Kosten c_2 und niedrige Signalzuverlässigkeiten begünstigen einen Rand-Cut-Off.

Erwarteter Payoff

Schließlich stellt sich die Frage, ob der Principal bei gegebener Wahl des Accountingsystems die konservative Rechnungslegung oder die symmetrische Unsicherheit bevorzugt. Um erwartete Payoffs vergleichbar zu machen, muss gelten, dass der Gesamtirrtum gleich bleibt und somit für die konservative Rechnungslegung $f_h = 2f - 1$ gesetzt wird. Dies führt zum erwarteten KRL-Payoff bei Überrand-Cut-Off (Herleitung siehe Anhang)

Formel 4.79: „Erwarteter Payoff e_2-MH, KRL mit Überrand-Cut-Off, $f_h = 2f - 1$“

$$E\left(R_{m>k_h-d_h}\right) =$$

$$\frac{\alpha((-1+2f)(6x-5d_h)(x-2d_h)^2-(1-2f)^2(2x-3d_h)(x-2d_h)^2-4d_h^3)+8d_h^2k_h}{8d_h^2}$$

und dem erwarteten KRL-Payoff bei Rand-Cut-Off (Herleitung siehe Anhang)

Formel 4.80: „Erwarteter Payoff e_2-MH, KRL mit Rand-Cut-Off, $f_h = 2f - 1$“

$$E(R_{m=k_h-d_h}) =$$

$$\frac{\alpha((-1+2f)(3x-4d_h)(x-d_h)^2-(1-2f)^2(x-2d_h)(x-d_h)^2-d_h^3)+2d_h^2k_h}{2d_h^2}$$

Außerdem sind bei der konservativen Rechnungslegung die Kosten c_2 durch einen Term substituiert worden, der vom Cut-Off abhängt. Will man die erwarteten Payoffs zwischen konservativer Rechnungslegung und symmetrischer Unsicherheit vergleichen, müssen nun dieselben Kosten verwendet werden. Mit adjustierten Kosten erhält man den erwarteten SU-Payoff bei Überrand-Cut-Off (Herleitung siehe Anhang)

Formel 4.81: „Erwarteter Payoff e_2-MH, SU mit Überrand-Cut-Off, adjustierte Kosten“

$$E(R_{m>k_h-d_h}) =$$

$$\frac{1}{16}(4(-6+\frac{1}{f}+4f)\alpha d_h$$

$$-\frac{12(f(-1+2f)^5\alpha^3(x-d_h)^2(-(-2+f)x+(-3+2f)d_h)(d_h-d_l)^3)^{2/3}}{f(-1+2f)^3\alpha d_h(d_h-d_l)^2}$$

$$+16(-\frac{(-1+2f)\alpha(x-d_h)^2((-2+f)x+(3-2f)d_h)}{2d_h^2}+k_h))$$

und den erwarteten SU-Payoff bei Rand-Cut-Off (Herleitung siehe Anhang)

Formel 4.82: „Erwarteter Payoff e_2-MH, SU mit Rand-Cut-Off, adjustierte Kosten“

$$E\left(R_{m=k_h-d_h}\right) =$$

$$\frac{-2(-2+f)fx^3\alpha + 2f(-7+4f)x^2\alpha d_h + (-1-6f+4f^2)\alpha d_h^3 + 2d_h^2((8-5f)fx\alpha + k_h)}{2d_h^2}$$

Bezeichnet man die paarweisen Differenzen der vier Payoffs als z und stellt dieses in hellblau mit $k_h = 100$, $d_h = 10$, $d_l = 20$, $\alpha = 0.1$ über den Bereich $0 < x < d_h$ und $0.75 < f < 1$ dar, erhält man die folgenden Grafiken. In dunkelblau ist zur besseren Orientierung jeweils die Nullebene eingezeichnet.

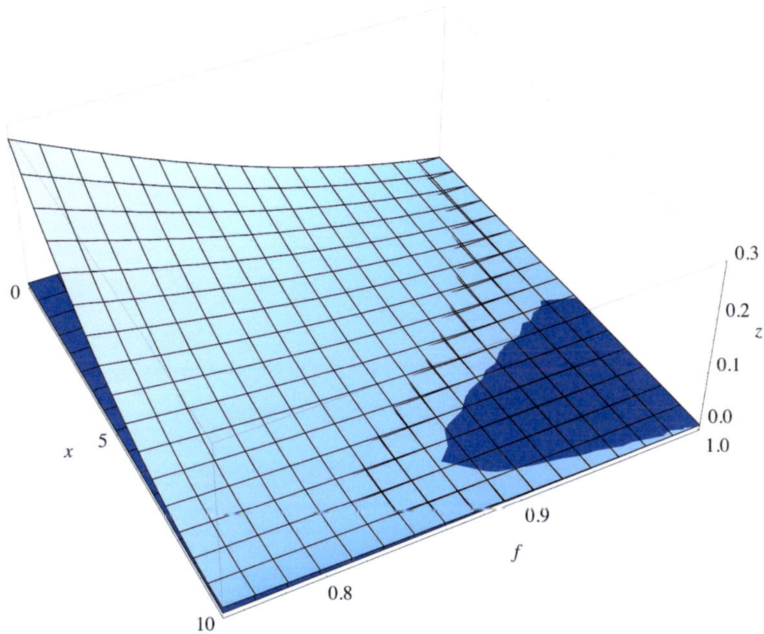

Abbildung 16: „Payoff bei KRL mit Überrand-Cut-Off abzüglich SU mit Überrand-Cut-Off"

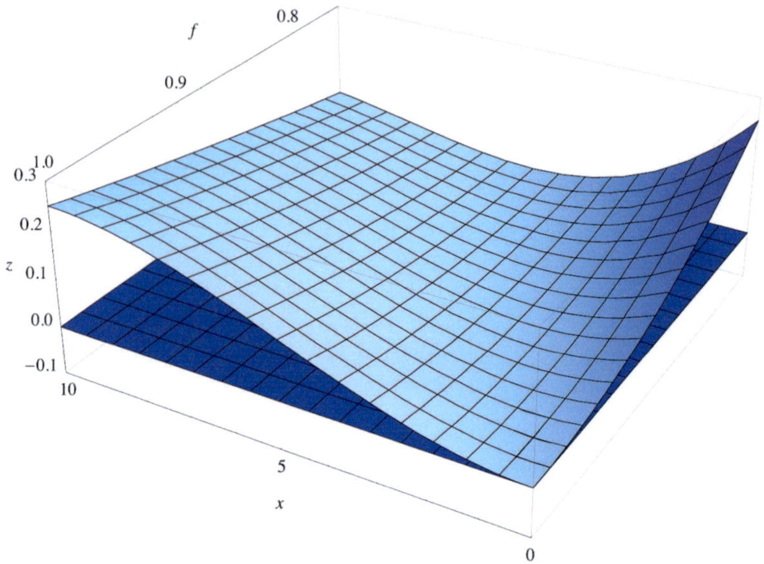

Abbildung 17: "Payoff bei KRL mit Überrand-Cut-Off abzüglich SU mit Rand-Cut-Off"

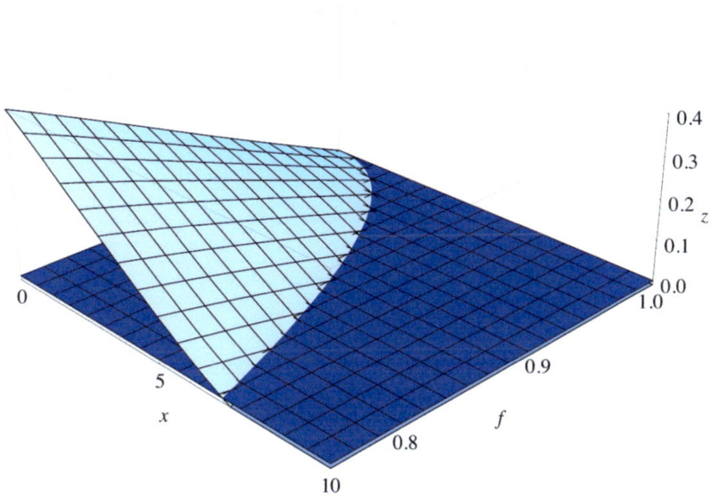

Abbildung 18: "Payoff bei KRL mit Rand-Cut-Off abzüglich SU mit Überrand-Cut-Off"

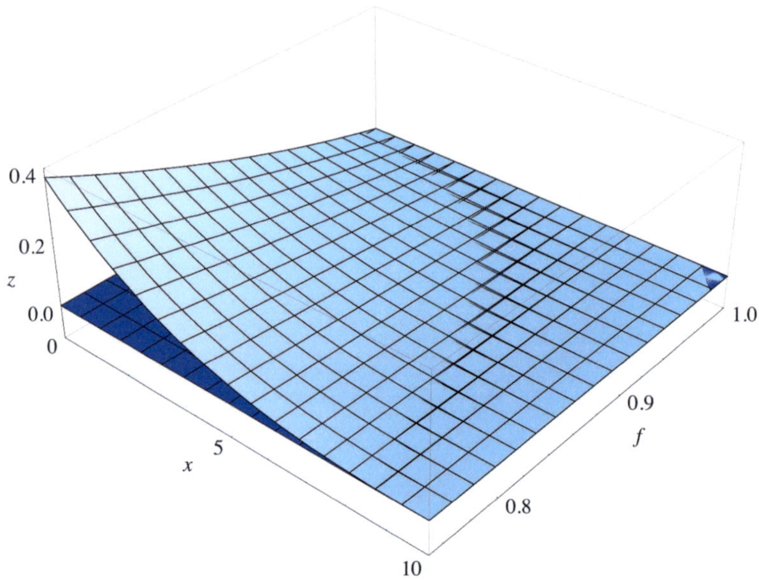

Abbildung 19: „Payoff bei KRL mit Rand-Cut-Off abzüglich SU mit Rand-Cut-Off“

Aus den Abbildungen ist zu erkennen, dass für die gegebene Parameterkonstellation kein Rechnungslegungssystem für den gesamten Bereich dominant ist. Der Wechsel vom Rand-Cut-Off zu Überrand-Cut-Off ist für beide Rechnungslegungssysteme unterschiedlich, sodass es schwierig ist, eine allgemeine Regel für Dominanzbereiche aufzustellen. Es wurde jedoch zuvor gezeigt, dass für KRL und SU sowohl hohe Kosten (hier gleichbedeutend mit einem kleinen x) als auch geringe Signalqualität einen Rand-Cut-Off begünstigen. Zusätzlich wird in Abbildung 19 gezeigt, dass die KRL vorzuziehen ist, wenn ein Rand-Cut-Off ist für beide Rechnungslegungssysteme optimal ist. Hieraus folgt die Vermutung, dass sowohl für niedrige Signalqualität als auch hohe Kosten die KRL dominiert. Und aufgrund von Abbildung 16 kann vermutet werden, dass grundsätzlich für hohe Signalqualität und niedrige Kosten die SU dominiert[43].

Zeichnet man für diese Parameterkonstellation die Payoffs aller vier Varianten in ein Diagramm, so ergibt sich

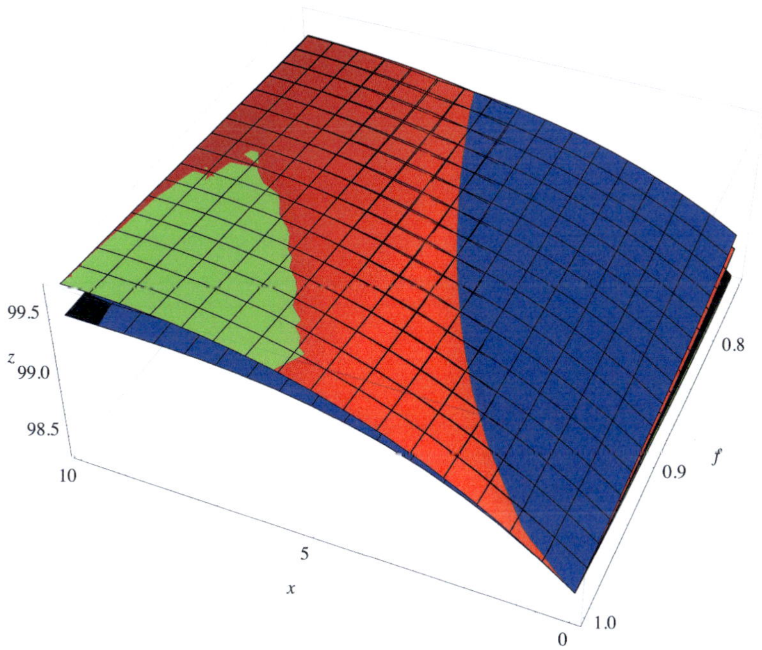

Abbildung 20: "Payoff für SU mit Überrand-Cut-Off (grün), KRL mit Überrand-Cut-Off (rot), KRL mit Rand-Cut-Off (blau), SU mit Rand-Cut-Off (schwarz) [44]"

---

[43] Dass die SU mit Überrand-Cut-Off hier von der KRL mit Rand-Cut-Off dominiert wird, ist unwahrscheinlich, da der Rand-Cut-Off durch hohe Kosten und unzuverlässige Signale begünstigt wird und im betrachteten Bereich niedrige Kosten und zuverlässige Signale herrschen.

[44] Da diese Kombination für keinen Bereich dominant ist, ist die schwarze Ebene unter den anderen kaum zu erkennen.

Insgesamt lässt sich feststellen: Je nach Parameterkonstellation ist eine andere Rechnungslegungsstrategie dominant bei einem e_2-MH. Für hohe Kosten und/oder unzuverlässige Signale, ist tendenziell die KRL zu wählen. Für niedrige Kosten und/oder zuverlässige Signale ist tendenziell die SU die beste Rechnungslegungsstrategie.

5 Fazit

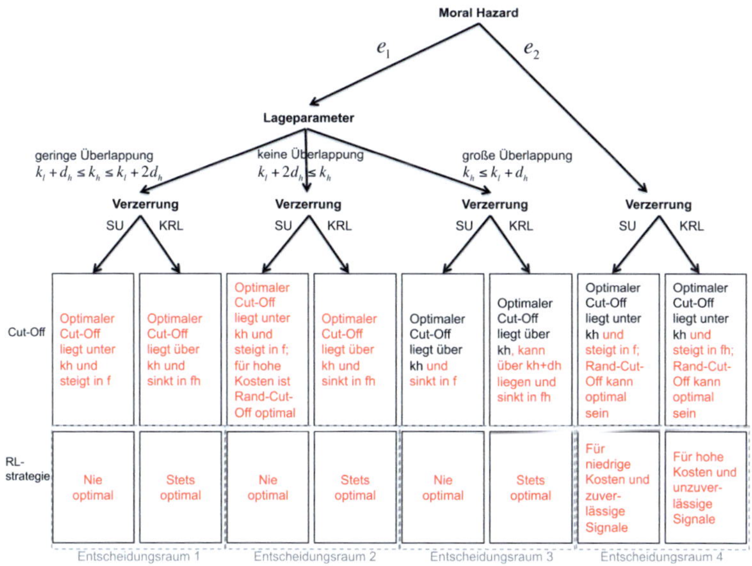

Abbildung 21: „Übersicht der optimalen Cut Offs und Accountingstrategien"

Es konnte gezeigt werden, dass die Erweiterung um unsichere Signale einen Einfluss auf den optimalen Cut-Off und die zu wählende Accountingstrategie hat. In Abbildung 21 sind die neuen Erkenntnisse gegenüber Chen et al. (2010) in rot dargestellt.

Mit der Einführung unsicherer Signale wird die Bedeutung des Cut-Offs verlagert. Zuvor diente der Cut-Off als Managementzielvorgabe und gleichzeitig als Maßstab für die Verzerrung der Rechnungslegung. Durch die Einführung der Signale wird diese Doppelfunktion entkoppelt; der Cut-Off dient nun vorwiegend als Managementzielvorgabe und die Signale steuern die Verzerrung der Rechnungslegung. Durch dieses Zusammenspiel entsteht ein neues Spannungsfeld für den Principal, nämlich eines geringen erwarteten Fehlers einerseits und einer geringen erwarteten Vergütung des Agenten andererseits. Der Principal strebt danach diese beiden meist gegenläufigen Bestandteile seines Payoffs möglichst gering zu halten. Die von ihm dabei zu beeinflussenden

Größen sind die Zielvorgabe, die er an den Manager stellt, die Verzerrung des Rechnungslegungssystems, das vertraglich vereinbarte Gehalt, das er dem Agenten im Falle eines guten und schlechten Signals zahlt und seine (Produktions-)Entscheidung nach Erhalt des Rechnungslegungssignals. Die (Produktions-) Entscheidung hängt in diesem Modell einerseits von zuvor getroffenen Entscheidungen und andererseits von nicht beeinflussbaren Größen ab. Das vertraglich vereinbarte Gehalt hängt von der Zielvorgabe und ansonsten nicht beeinflussbaren Größen ab. Das erwartete Gehalt hängt von der Zielvorgabe und Rechnungslegungsstrategie und ansonsten von nicht beeinflussbaren Größen ab.

Je nachdem welche Lageparameterverteilung vorliegt, welche Kosten der Agent hat, welche Signalzuverlässigkeit gegeben ist und welchem Moral Hazard der Agent ausgesetzt ist, ist ein anderer Cut-Off optimal. Beide Rechnungslegungssysteme besitzen per se einen Cut-Off für einen minimalen erwarteten Fehler, von dem der Principal nur dann abweichen wird, wenn sich dadurch das erwartete Gehalt stärker senkt, als der erwartete Fehler steigt. Wie wichtig es für den Principal ist, das erwartete Gehalt zu senken, hängt zum einen von den Kosten des Agenten ab und zum anderen von der Wahrscheinlichkeit, dass der Agent durch entweder schlechte Leistung ein gutes Gehalt oder durch gute Leistung ein schlechtes Gehalt erhält[45]. Je höher beides ist, desto wichtiger ist es für den Principal das erwartete Gehalt zu senken, in dem er den Cut-Off verschiebt. Wie wichtig es für den Principal ist, den erwarteten Fehler zu senken, hängt von der Signalzuverlässigkeit und der Gewichtung seiner Produktionsentscheidung ab. Je unzuverlässiger die Signale sind und je unwichtiger seine Produktionsentscheidung ist, desto weniger Bedeutung hat das Setzen des Cut-Offs auf einen bestimmten fehlerminimierenden Wert. Aus der Abwägung beider Erwartungswerte geht ein optimaler Cut-Off hervor, der zu wählen ist, um den Payoff des Prin-

---

[45] Die Wahrscheinlichkeit wird bedeutsamer je eher sich die Verteilungen überschneiden und je unzuverlässiger die Signale sind. Außerdem hängt diese von der Rechnungslegungsstrategie ab und ist bei konservativer Rechnungslegung geringer.

cipals zu maximieren. Da das Ziel des Principals letztlich die Payoffmaximierung ist, muss dieser ermittelte Cut-Off stets verglichen werden mit dem Payoff, der sich realisieren ließe, wenn der Principal einen Rand-Cut-Off wählt. Beim Rand-Cut-Off kommt es zu einer Situation, bei der der Principal auf die Signale für seine Entscheidung verzichtet, jedoch unter Umständen das erwartete Gehalt des Agenten minimieren kann. Wenn die Kosten eine gewisse Höhe überschreiten oder die Signalzuverlässigkeit einen bestimmten Wert unterschreitet, kann es optimal sein den Rand-Cut-Off zu wählen.

Wie gezeigt wurde, hängt der jeweils optimale Cut-Off von einer Vielzahl von Einflüssen ab. Interessant ist, dass sich als optimale Strategie oft die konservative Rechnungslegung herausstellt. Dies liegt vor allem daran, dass man schwächere Fehlanreize bei einem Agenten hervorruft, der konservativ beurteilt wird. Bei der symmetrischen Unsicherheit muss man den Agenten für die Chance vergüten bei schlechter Leistung ein gutes Gehalt zu erhalten und für das Risiko bei guter Leistung ein schlechtes Gehalt zu erhalten. Bei der konservativen Rechnungslegung kommt es bei schlechter Ertragsumgebung in jedem Fall zu einem schlechten Signal. Es besteht lediglich bei bestimmter Parameterkonstellation die Wahrscheinlichkeit trotz schlechter Leistung eine gute Ertragsumgebung zu erreichen. Insofern ist die Vergütung bei schlechter Leistung geringer. Die symmetrische Unsicherheit hat dafür zwar teilweise einen geringeren erwarteten Fehler, da der fehlerminimierende Cut-Off bei symmetrischer Unsicherheit per se in einer Verteilungsmitte liegt[46] und das erwartete Gehalt meist mit Verschiebung des Cut-Offs nach links gesenkt wird. Jedoch überwiegt meist der Fehlanreiz des Agenten und führt zu einem hohen vertraglichen und erwarteten Gehalt bei symmetrischer Unsicherheit, den der teilweise etwas kleinere erwartete Fehler nicht zu kompensieren vermag.

[46] Während der fehlerminimierende Cut-Off bei konservativen Rechnungslegung über dem Erwartungswert der Verteilung liegt.

Anhang

Herleitung der Formel 3.4: „Erwarteter Bruttopayoff gegeben e_{1h} und e_{2h} nach Erhalt von $j = B$"

Der erwartete Bruttopayoff nach Erhalt eines schlechten Signals ist die bedingte Wahrscheinlichkeit einer schlechten Ertragsumgebung gegeben ein schlechtes Signal $P(s < m|j = B)$ gewichtet mit dem daraus resultierenden erwarteten Payoff plus die bedingte Wahrscheinlichkeit einer guten Ertragsumgebung gegeben ein schlechtes Signal $P(s \geq m|j = B)$ gewichtet mit dem daraus resultierenden erwarteten Payoff. Bei einem schlechten Signal wird der Principal die Entscheidung i_B treffen. Der resultierende erwartete Payoff ist jeweils das Integral über den Bereich, in dem sich s realisieren wird, d.h. zwischen der Verteilungsgrenze und dem Cut-Off. Integriert wird der Erwartungswert s abzüglich des mit α gewichteten Irrtums $|i_B - s|$ mal der Dichtefunktion $\frac{1}{m-(k_h-d_h)}$ bzw. $\frac{1}{(k_h+d_h)-m}$ über s.

$$E(RG|j = B) =$$

$$P(s < m|j = B) * \left(\int_{k_h-d_h}^{i_B} \left((s - \alpha(-s + i_B)) * \frac{1}{m - (k_h - d_h)} \right) ds + \int_{i_B}^{m} \left((s - \alpha(s - i_B)) * \frac{1}{m - (k_h - d_h)} \right) ds \right)$$

$$+P(s \geq m|j = B) * \left(\int_{m}^{k_h+d_h} \left((s - \alpha(s - i_B)) * \frac{1}{(k_h + d_h) - m} \right) ds \right)$$

Die Dichtefunktion wird jeweils ausgeklammert.

$$P(s < m|j = B) * \frac{1}{m - (k_h - d_h)} * \left(\begin{array}{c} \int_{k_h-d_h}^{i_B} \left(\left(s - \alpha(-s + i_B) \right) \right) ds \\ + \int_{i_B}^{m} \left(\left(s - \alpha(s - i_B) \right) \right) ds \end{array} \right)$$

$$+P(s \geq m|j = B) * \frac{1}{(k_h + d_h) - m} * \left(\int_{m}^{k_h+d_h} \left(\left(s - \alpha(s - i_B) \right) \right) ds \right)$$

Die bedingten Wahrscheinlichkeiten $P(s < m|j = B)$ und $P(s \geq m|j = B)$ werden gemäß Formel 3.3 substituiert.

$$\frac{(1-q) * f_l}{\left((1-q) * f_l\right) + \left(q * (1 - f_h)\right)} * \frac{1}{m - (k_h - d_h)}$$

$$* \left(\int_{k_h-d_h}^{i_B} \left(s - \alpha(-s + i_B) \right) ds + \int_{i_B}^{m} \left(s - \alpha(s - i_B) \right) ds \right)$$

$$+ \frac{q * (1 - f_h)}{\left((1-q) * f_l\right) + \left(q * (1 - f_h)\right)} * \frac{1}{(k_h + d_h) - m}$$

$$* \left(\int_{m}^{k_h+d_h} \left(s - \alpha(s - i_B)\right) ds \right)$$

Auflösung der Integrale

$$\frac{(1-q) * f_l}{\left((1-q) * f_l\right) + \left(q * (1-f_h)\right)} * \frac{1}{m - (k_h - d_h)}$$

$$* \left(\left[\frac{s^2}{2} + \frac{s^2 \alpha}{2} - s\alpha i_B \right]_{k_h - d_h}^{i_B} + \left[\frac{s^2}{2} - \frac{s^2 \alpha}{2} + s\alpha i_B \right]_{i_B}^{m} \right)$$

$$+ \frac{q * (1-f_h)}{\left((1-q) * f_l\right) + \left(q * (1-f_h)\right)} * \frac{1}{(k_h + d_h) - m}$$

$$* \left[\frac{s^2}{2} - \frac{s^2 \alpha}{2} + s\alpha i_B \right]_{m}^{k_h + d_h}$$

$$= \frac{(1-q) * f_l}{\left((1-q) * f_l\right) + \left(q * (1-f_h)\right)} * \frac{1}{m - (k_h - d_h)}$$

$$* \begin{pmatrix} \frac{m^2}{2} - \frac{m^2 \alpha}{2} - \frac{d_h^2}{2} - \frac{\alpha d_h^2}{2} + m\alpha i_B - \alpha d_h i_B \\ -\alpha i_B^2 + d_h k_h + \alpha d_h k_h + \alpha i_B k_h - \frac{k_h^2}{2} - \frac{\alpha k_h^2}{2} \end{pmatrix}$$

$$+\frac{q*(1-f_h)}{\big((1-q)*f_l\big)+\big(q*(1-f_h)\big)}*\frac{1}{(k_h+d_h)-m}$$

$$*\left(\frac{1}{2}(m-d_h-k_h)\big((-1+\alpha)d_h-2\alpha i_B+(-1+\alpha)(m+k_h)\big)\right)$$

mit

$$q=\frac{k_h+d_h-m}{2d_h}$$

folgt

$$E(RG|j=B)=$$

$$\frac{f_l}{d_h(1-f_h+f_l)+(-1+f_h+f_l)(m-k_h)}$$

$$*\left(\begin{array}{c}\frac{m^2}{2}-\frac{m^2\alpha}{2}-\frac{d_h^2}{2}-\frac{\alpha d_h^2}{2}+m\alpha i_B-\alpha d_h i_B\\ -\alpha i_B^2+d_h k_h+\alpha d_h k_h+\alpha i_B k_h-\frac{k_h^2}{2}-\frac{\alpha k_h^2}{2}\end{array}\right)$$

$$+\frac{1-f_h}{d_h(1-f_h+f_l)+(-1+f_h+f_l)(m-k_h)}$$

$$* \left(\frac{1}{2}(m - d_h - k_h)\big((-1 + \alpha)d_h - 2\alpha i_B + (-1 + \alpha)(m + k_h)\big)\right)$$

Herleitung Formel 3.5: „Optimale Entscheidung i bei e_{1h} und e_{2h} gegeben $j = B$"

Um die optimale Entscheidung zu ermitteln, wird der Bruttopayoff gemäß Formel 3.4 abgeleitet nach i_B

$$\frac{dE(RG|j = B)}{di_B}$$

$$= \frac{f_l}{d_h(1 - f_h + f_l) + (-1 + f_h + f_l)(m - k_h)} * (m\alpha - \alpha d_h - 2\alpha i_B + \alpha k_h)$$

$$+ \frac{1 - f_h}{d_h(1 - f_h + f_l) + (-1 + f_h + f_l)(m - k_h)} * (-\alpha(m - d_h - k_h))$$

$$= \frac{\alpha(m + d_h(-1 + f_h + f_l) - k_h + f_h(-m + k_h) - f_l(m - 2i_B + k_h))}{d_h(-1 + f_h - f_l) - (-1 + f_h + f_l)(m - k_h)}$$

gleich null gesetzt und nach i_B aufgelöst folgt

$$i_B^* = \frac{(m - d_h)(-1 + f_h + f_l) + (1 - f_h + f_l)k_h}{2f_l}$$

Herleitung Formel 3.6: „Erwarteter Bruttopayoff gegeben e_{1h} und e_{2h} nach Erhalt von $j = G$"

Der Bruttopayoff nach Erhalt eines guten Signals erfolgt analog zur Berechnung des Bruttopayoffs bei Erhalt eines schlechten Signals. Ermittelt wird die bedingte Wahrscheinlichkeit einer guten Ertragsumgebung gegeben ein gutes Signal $P(s \geq m|j = G)$ gewichtet mit dem daraus resultierenden erwarteten Payoff plus die bedingte Wahrscheinlichkeit einer schlechten Ertragsumgebung gegeben ein gutes Signal $P(s < m|j = G)$ gewichtet mit dem daraus resultierenden erwarteten Payoff. Bei einem guten Signal wird der Principal die Entscheidung i_G treffen. Der resultierende erwartete Payoff ist jeweils das Integral über den Bereich, in dem sich s realisieren wird, d.h. zwischen der Verteilungsgrenze und dem Cut-Off. Integriert wird der Erwartungswert s abzüglich des mit α gewichteten Irrtums $|i_G - s|$ mal der Dichtefunktion $\frac{1}{k_h+d_h-m}$ bzw. $\frac{1}{m-(k_h-d_h)}$ über s.

$$E(RG|j = G) =$$

$$P(s \geq m|j = G)$$

$$* \left(\int_{m}^{i_G} \left(\left(s - \alpha(-s + i_G)\right) * \frac{1}{k_h + d_h - m} \right) \mathrm{d}s \right.$$

$$\left. + \int_{i_G}^{k_h+d_h} \left(\left(s - \alpha(s - i_G)\right) * \frac{1}{k_h + d_h - m} \right) \mathrm{d}s \right)$$

$$+P(s < m|j = G)$$

$$* \left(\int_{k_h-d_h}^{m} \left(\left(s - \alpha(i_G - s)\right) * \frac{1}{m - (k_h - d_h)} \right) \mathrm{d}s \right)$$

Die Dichtefunktionen $\frac{1}{k_h+d_h-m}$ bzw. $\frac{1}{m-(k_h-d_h)}$ wird ausgeklammert

$$P(s \geq m|j = G) * \frac{1}{k_h + d_h - m}$$

$$* \left(\int_{m}^{i_G} \left(\left(s - \alpha(-s + i_G)\right)\right) \mathrm{d}s\right.$$

$$\left.+ \int_{i_G}^{k_h+d_h} \left(\left(s - \alpha(s - i_G)\right)\right) \mathrm{d}s\right)$$

$$+P(s < m|j = G) * \frac{1}{m - (k_h - d_h)}$$

$$* \left(\int_{k_h-d_h}^{m} \left(\left(s - \alpha(i_G - s)\right)\right) \mathrm{d}s\right)$$

Die bedingten Wahrscheinlichkeiten gemäß Formel 3.3 substituiert

$$\frac{q * f_h}{q * f_h + (1-q)(1-f_l)} * \frac{1}{k_h + d_h - m}$$

$$* \left(\int_{m}^{i_G} \left(s - \alpha(-s + i_G)\right) \mathrm{d}s\right.$$

$$\left.+ \int_{i_G}^{k_h+d_h} \left(s - \alpha(s - i_G)\right) \mathrm{d}s\right)$$

$$+ \frac{(1-q)(1-f_l)}{q * f_h + (1-q)(1-f_l)} * \frac{1}{m - (k_h - d_h)}$$

$$* \left(\int_{k_h-d_h}^{m} \left(s - \alpha(i_G - s)\right) \mathrm{d}s\right)$$

Integrale werden aufgelöst

$$\frac{q * f_h}{q * f_h + (1-q)(1-f_l)} * \frac{1}{k_h + d_h - m}$$

$$* \left(\left[\frac{s^2}{2} + \frac{s^2 \alpha}{2} - s\alpha i_G \right]_m^{i_G} + \left[\frac{s^2}{2} - \frac{s^2 \alpha}{2} + s\alpha i_G \right]_{i_G}^{k_h + d_h} \right)$$

$$+ \frac{(1-q)(1-f_l)}{q * f_h + (1-q)(1-f_l)} * \frac{1}{m - (k_h - d_h)}$$

$$* \left[\frac{s^2}{2} + \frac{s^2 \alpha}{2} - s\alpha i_G \right]_{k_h - d_h}^{m}$$

$$= \frac{q * f_h}{q * f_h + (1-q)(1-f_l)} * \frac{1}{k_h + d_h - m}$$

$$* \left(\left[\frac{i_G^2}{2} - \frac{\alpha i_G^2}{2} - \left(\frac{m^2}{2} + \frac{m^2 \alpha}{2} - m\alpha i_G \right) \right] \right.$$

$$+ \left[-\frac{i_G^2}{2} - \frac{\alpha i_G^2}{2} + \alpha i_G (d_h + k_h) + \frac{1}{2}(d_h + k_h)^2 \right.$$

$$\left. \left. - \frac{1}{2} \alpha (d_h + k_h)^2 \right] \right)$$

$$+ \frac{(1-q)(1-f_l)}{q * f_h + (1-q)(1-f_l)} * \frac{1}{m - (k_h - d_h)}$$

$$* \left[\frac{m^2}{2} + \frac{m^2 \alpha}{2} - m\alpha i_G - \alpha i_G (-d_h + k_h) \right.$$

$$\left. + \frac{1}{2}(-d_h + k_h)^2 + \frac{1}{2} \alpha (-d_h + k_h)^2 \right]$$

$$= \frac{q * f_h}{q * f_h + (1-q)(1-f_l)} * \frac{1}{k_h + d_h - m}$$

$$* \left(\frac{1}{2}(-m^2(1+\alpha) - (-1+\alpha)d_h^2 - 2\alpha i_G^2 - (-1+\alpha)k_h^2\right.$$

$$\left. + 2\alpha i_G(m+k_h) + 2d_h(\alpha i_G - (-1+\alpha)k_h))\right)$$

$$+ \frac{(1-q)(1-f_l)}{q * f_h + (1-q)(1-f_l)} * \frac{1}{m - (k_h - d_h)}$$

$$* \left(\frac{1}{2}(m + d_h - k_h)(-(1+\alpha)d_h - 2\alpha i_G + (1+\alpha)(m\right.$$

$$\left. + k_h))\right)$$

mit

$$q = \frac{k_h + d_h - m}{2d_h}$$

folgt

$$E(RG|j = G) =$$

$$\frac{f_h}{d_h(1 + f_h - f_l) - 1 + f_h + f_l}(m - k_h)$$

$$* \left(\frac{1}{2}(-m^2(1+\alpha) - (-1+\alpha)d_h^2 - 2\alpha i_G^2 - (-1+\alpha)k_h^2 \atop +2\alpha i_G(m+k_h) + 2d_h(\alpha i_G - (-1+\alpha)k_h))\right)$$

$$+ \frac{-1 + f_l}{d_h(-1 - f_h + f_l) + (-1 + f_h + f_l)(m - k_h)}$$

$$* \left(\frac{1}{2}(m + d_h - k_h)(-(1+\alpha)d_h - 2\alpha i_G + (1+\alpha)(m\right.$$

$$\left. + k_h))\right)$$

Herleitung Formel 3.7: „Optimale Entscheidung i bei e_{1h} und e_{2h} gegeben $j = G$"

Der Bruttopayoff gemäß Formel 3.6 abgeleitet nach i_G lautet

$$\frac{dE(RG|j = G)}{di_G}$$

$$= \frac{f_h}{d_h(1 + f_h - f_l) - 1 + f_h + f_l}(m - k_h)$$

$$* \left(\frac{1}{2}\left(2\alpha d_h - 4\alpha i_G + 2\alpha(m + k_h)\right)\right)$$

$$+ \frac{-1 + f_l}{d_h(-1 + f_h + f_l) + (-1 + f_h + f_l)(m - k_h)} * \left(-\alpha(m + d_h - k_h)\right)$$

$$= \frac{\alpha(d_h(-1 + f_h + f_l) + (-1 + f_l)(m - k_h) + f_h(m - 2i_G + k_h))}{d_h(1 + f_h - f_l) - (-1 + f_h + f_l)(m - k_h)}$$

Gleich null gesetzt und nach i_G aufgelöst, erhält man die optimale Entscheidung bei gutem Signal

$$i_G^* = \frac{(m + d_h)(-1 + f_h + f_l) + (1 + f_h - f_l)k_h}{2f_h}$$

Herleitung Formel 3.10: „Erwarteter Payoff bei Efforts e_{1h}, e_{2h} mit Überrand-Cut-Off"

In t=1 sind zwei Ertragsumgebungen in Abhängigkeit von m möglich. Eine gute Ertragsumgebung mit Wahrscheinlichkeit q und eine schlechte Ertragsumgebung mit Wahrscheinlichkeit $1-q$. Bei Realisierung einer der beiden Ertragsumgebung erhält der Principal den bedingten Erwartungswert von s, welcher bei einer guten Umgebung $E(s|G)$ und bei einer schlechten Umgebung $E(s|B)$ist. Außerdem wird jeweils der erwartete Fehler, den der Principal begeht, sowie das Gehalt des Agenten subtrahiert. Der erwartete Fehler ist die mit α gewichtete Differenz zwischen dem tatsächlichen s und der Entscheidung i; diese Differenz wird mit der Dichtefunktion multipliziert und über die Verteilungsgrenzen, in denen sich s realisieren wird, nach s integriert. Sowohl die Entscheidung des Principals als auch die Vergütung an den Agenten erfolgt aufgrund des Signals. Der Principal trifft die Entscheidung i_B und bezahlt die Vergütung A_B, wenn entweder mit Wahrscheinlichkeit $(1-q)$ eine tatsächlich schlechte Umgebung vorliegt und zusätzlich mit Wahrscheinlichkeit f_l korrekt reportet wird oder wenn mit Wahrscheinlichkeit q eine gute Ertragsumgebung vorliegt und zusätzlich mit Wahrscheinlichkeit $(1-f_h)$ falsch reportet wird – analog gilt dies für die Entscheidung i_G und die Vergütung A_G bei gutem Signal.

$$E(R) = (1-q) * \left(E(s|B) - \left(f_l * \left(\int_{k_h-d_h}^{i_B} \frac{\alpha * (-s+i_B) + A_B}{m-(k_h-d_h)} ds + \int_{i_B}^{m} \frac{\alpha * (s-i_B) + A_B}{m-(k_h-d_h)} ds \right) + (1-f_l) * \left(\int_{k_h-d_h}^{m} \frac{\alpha * (-s+i_G) + A_G}{m-(k_h-d_h)} ds \right) \right) \right)$$

$$+q$$

$$*\left(E(s|G)\right.$$

$$\left.-\left(\begin{array}{c} f_h * \left(\int_m^{i_G} \frac{\alpha * (-s + i_G) + A_G}{k_h + d_h - m} ds + \int_{i_G}^{k_h + d_h} \frac{\alpha * (s - i_G) + A_G}{k_h + d_h - m} ds\right) \\ +(1 - f_h) * \left(\int_m^{k_h + d_h} \frac{\alpha * (s - i_B) + A_B}{k_h + d_h - m} ds\right) \end{array}\right)\right)$$

Gemäß Formel 3.1 gilt für $q = \frac{m-(k_h-d_h)}{2d_h}$. Die Erwartungswerte für s werden gemäß Formel 3.9 substituiert.

$$E(R) =$$

$$\frac{m-(k_h-d_h)}{2d_h}$$

$$*\left(\frac{k_h-d_h+m}{2}\right.$$

$$\left.-\left(f_l*\left(\int_{k_h-d_h}^{i_B}\frac{\alpha*(-s+i_B)+A_B}{m-(k_h-d_h)}\mathrm{d}s+\int_{i_B}^{m}\frac{\alpha*(s-i_B)+A_B}{m-(k_h-d_h)}\mathrm{d}s\right)+(1-f_l)*\left(\int_{k_h-d_h}^{m}\frac{\alpha*(-s+i_G)+A_G}{m-(k_h-d_h)}\mathrm{d}s\right)\right)\right)$$

$$+\frac{k_h+d_h-m}{2d_h}$$

$$*\left(\frac{m+k_h+d_h}{2}\right.$$

$$\left.-\left(f_h*\left(\int_{m}^{i_G}\frac{\alpha*(-s+i_G)+A_G}{k_h+d_h-m}\mathrm{d}s+\int_{i_G}^{k_h+d_h}\frac{\alpha*(s-i_G)+A_G}{k_h+d_h-m}\mathrm{d}s\right)+(1-f_h)*\left(\int_{m}^{k_h+d_h}\frac{\alpha*(s-i_B)+A_B}{k_h+d_h-m}\mathrm{d}s\right)\right)\right)$$

Die Integrale werden berechnet:

$$\frac{m-(k_h-d_h)}{2d_h}$$

$$*\left(\frac{k_h-d_h+m}{2}\right.$$

$$\left.-\left(\begin{array}{c} f_l*\left(\frac{1}{2}(-m\alpha+2A_B+\alpha d_h+2\alpha i_B+\frac{2\alpha(m-i_B)^2}{m+d_h-k_h}-\alpha k_h)\right) \\ +(1-f_l)*\left(\frac{1}{2}(2A_G-\alpha(m-d_h-2i_G+k_h))\right) \end{array}\right)\right)$$

$$+\frac{k_h+d_h-m}{2d_h}$$

$$*\left(\frac{(m+k_h+d_h)}{2}\right.$$

$$\left.-\left(\begin{array}{c} f_h*\left(\frac{1}{2}(2A_G+\alpha(m+d_h-2i_G+k_h+\frac{2(m-i_G)^2}{-m+d_h+k_h}))\right) \\ +(1-f_h)*\left(\frac{1}{2}(2A_B+\alpha(m+d_h-2i_B+k_h))\right) \end{array}\right)\right)$$

Die Erwartungswerte werden mit den berechneten Integralen multipliziert:

$$\frac{m-(k_h-d_h)}{2d_h}$$

$$*\begin{pmatrix}\frac{1}{2}(m+m\alpha-(1+\alpha)d_h+2A_G(-1+f_l)-2f_l(A_B+\alpha i_B)\\ +2\alpha(-1+f_l)i_G-\frac{2\alpha f_l(m-i_B)^2}{m+d_h-k_h}+k_h+\alpha k_h)\end{pmatrix}$$

$$+\frac{k_h+d_h-m}{2d_h}*\begin{pmatrix}\frac{1}{2}(m-m\alpha-(-1+\alpha)d_h+2A_B(-1+f_h)+2\alpha i_B\\ -2f_h(A_G+\alpha i_B-\alpha i_G)+k_h-\alpha k_h-\frac{2\alpha f_h(m-i_G)^2}{-m+d_h+k_h})\end{pmatrix}$$

$$=\frac{1}{2d_h}(m^2\alpha+\alpha(-d_h^2-m^2(f_h+f_l)+(m-d_h)(-1+f_h+f_l)i_B-f_l i_B^2$$

$$+(m+d_h)(-1+f_h+f_l)i_G-f_h i_G^2)+A_B(d_h(-1+f_h-f_l)-(-1+f_h$$

$$+f_l)(m-k_h))+A_G(d_h(-1-f_h+f_l)+(-1+f_h+f_l)(m-k_h))+(2d_h$$

$$+\alpha(1-f_h+f_l)i_B+\alpha(1+f_h-f_l)i_G)k_h-\alpha k_h^2)$$

für ein jeweiliges Signal existiert eine optimale Entscheidung des Principals. Diese lauten wie zuvor gezeigt

$$i_B^*=\frac{(m-d_h)(-1+f_h+f_l)+(1-f_h+f_l)k_h}{2f_l}$$

und

$$i_G^* = \frac{(m + d_h)(-1 + f_h + f_l) + (1 + f_h - f_l)k_h}{2f_h}$$

Diese eingesetzt ergibt den erwarteten Payoff

$$E(R) = \frac{1}{8d_h f_h f_l} *$$

$$\begin{pmatrix} \alpha(-1 + f_l)^2 f_l(m + d_h - k_h)^2 + \alpha f_h^3(-m + d_h + k_h)^2 \\ -f_h^2(m - d_h - k_h)(2m\alpha + (m\alpha + 4A_B - 4A_G)f_l + \alpha d_h(-2 + 3f_l) - \alpha(2 + f_l)k_h) \\ +f_h\big(\alpha d_h^2\big(1 + f_l(-8 + 3f_l)\big) - 1 + f_l\big)(m - k_h)\begin{pmatrix} m\alpha + (m\alpha + 4A_B - 4A_G)f_l \\ -\alpha(1 + f_l)k_h \end{pmatrix} + \\ 2d_h\big(-2A_B f_l(1 + f_l) + (-1 + f_l)(m\alpha + (m\alpha + 2A_G)f_l) + \big(\alpha + f_l(4 - \alpha f_l)\big)k_h\big) \end{pmatrix}$$

Herleitung Formel 3.11: „Erwarteter Payoff bei Efforts e_{1h}, e_{2h} und Rand-Cut-Off"

Setzt der Principal den Cut-Off auf den unteren Rand der oberen Verteilung und ist gleichzeitig der IC-Constraint des Agenten erfüllt, so wird es mit Sicherheit zu einer guten Ertragsumgebung kommen. Die Wahrscheinlichkeit für eine schlechte Umgebung ist null, weswegen dieser Term im Gegensatz zur vorigen Payoffberechnung entfällt. Aus diesem Grund wird der Principal stets die Entscheidung i_G treffen, sogar wenn er ein fälschlicherweise schlechtes Signal mit Wahrscheinlichkeit $(1 - f_h)$ erhält. Da s mit Sicherheit zwischen m und i_G realisiert wird, wird nur über diesen Bereich integriert. Das Gehalt des Agenten ist jedoch weiterhin vom Signal abhängig, denn dies wurde in seinem IC-

Constraint mit der entsprechenden Wahrscheinlichkeit berücksichtigt. Also erhält der Agent für den Fall, dass mit der Wahrscheinlichkeit $(1-f_h)$ fälschlicherweise eine schlechte Ertragsumgebung signalisiert wird, das Gehalt A_B.

$$E\left(R_{m=k_h-d_h}\right)$$

$$= E(s|G)$$

$$-\left(\begin{array}{c} f_h * \left(\int_m^{i_G} \frac{\alpha*(-s+i_G)+A_G}{k_h+d_h-m} ds + \int_{i_G}^{k_h+d_h} \frac{\alpha*(s-i_G)+A_G}{k_h+d_h-m} ds\right) \\ +(1-f_h)*\left(\int_m^{i_G} \frac{\alpha*(-s+i_G)+A_B}{k_h+d_h-m} ds + \int_{i_G}^{k_h+d_h} \frac{\alpha*(s-i_G)+A_B}{k_h+d_h-m} ds\right) \end{array}\right)$$

Der bedingte Erwartungswert von s wird substituiert und die Integrale berechnet

$$\frac{(m+k_h+d_h)}{2}$$

$$-\left(\begin{array}{c} f_h*\left(\frac{1}{2}(2A_G+\alpha(m+d_h-2i_G+k_h+\frac{2(m-i_G)^2}{-m+d_h+k_h}))\right) \\ +(1-f_h)*\left(\frac{1}{2}(2A_B+\alpha(m+d_h-2i_G+k_h+\frac{2(m-i_G)^2}{-m+d_h+k_h}))\right) \end{array}\right)$$

Die Klammer wird zusammengefasst

$$\frac{(m + k_h + d_h)}{2}$$

$$-\left(\frac{1}{2}(\alpha d_h - 2A_B(-1 + f_h) + 2A_G f_h + \alpha(m - 2i_G + k_h + \frac{2(m - i_G)^2}{-m + d_h + k_h}))\right)$$

$$= \frac{1}{2}(m - m\alpha - (-1 + \alpha)d_h + 2A_B(-1 + f_h)$$

$$-2A_G f_h + 2\alpha i_G - (-1 + \alpha)k_h - \frac{2\alpha(m - i_G)^2}{-m + d_h + k_h})$$

Mit der optimalen Entscheidung bei gutem Signal

$$i_G^* = \frac{(m + d_h)(-1 + f_h + f_l) + (1 + f_h - f_l)k_h}{2f_h}$$

eingesetzt, folgt

$$\frac{\begin{gathered} d_h^2((-2 + \alpha)f_h^2 + \alpha(-1 + f_l)^2) + (m - k_h)(4(A_B - A_G)f_h^3 \\ +\alpha(-1 + f_l)^2(m - k_h) + f_h^2(m(2 + \alpha) \\ -4A_B - (-2 + \alpha)k_h)) + 2d_h(2(-A_B + A_G)f_h^3 \\ +\alpha(-1 + f_l)^2(m - k_h) + f_h^2(-m\alpha + 2A_B + (-2 + \alpha)k_h)) \end{gathered}}{4f_h^2(m - d_h - k_h)}$$

Für den Cut-Off wird annahmegemäß der Verteilungsrand der oberen Verteilung

$$m = k_h - d_h$$

eingesetzt, so folgt der erwartete Payoff

$$E\left(R_{m=k_h-d_h}\right) = -\frac{\alpha d_h}{2} + A_B(-1 + f_h) - A_G f_h + k_h$$

Herleitung Formel 3.14: „Erwarteter Fehler der Entscheidung i"

Den Fehler, den der Principal begeht, ist die Abweichung zwischen dem tatsächlichen s und seiner Entscheidung i. Der Principal trifft die Entscheidung i_B, wenn entweder mit Wahrscheinlichkeit $(1-q)$ eine tatsächlich schlechte Ertragsumgebung eintritt und mit der Wahrscheinlichkeit f_l korrekt reportet wird oder mit Wahrscheinlichkeit q eine tatsächlich gute Ertragsumgebung eintritt und mit der Wahrscheinlichkeit $(1-f_h)$ falsch reportet wird. Analog trifft der Principal die Entscheidung i_G. Für jeden Fall wird die Abweichung zwischen i und s gewichtet mit α, durch die Dichtefunktion geteilt und über den jeweils möglichen Realisierungsbereich von s integriert.

$$E(F) =$$

$$(1-q) * \left(f_l * \left(\int_{k_h-d_h}^{i_B} \frac{\alpha(-s+i_B)}{m-(k_h-d_h)} \mathrm{d}s + \int_{i_B}^{m} \frac{\alpha(s-i_B)}{m-(k_h-d_h)} \mathrm{d}s \right) + (1-f_l) * \left(\int_{k_h-d_h}^{m} \frac{\alpha(-s+i_G)}{m-(k_h-d_h)} \mathrm{d}s \right) \right)$$

$$+q*\left(\begin{array}{c} f_h*\left(\left(\int_m^{i_G}\frac{\alpha(-s+i_G)}{k_h+d_h-m}\mathrm{d}s+\int_{i_G}^{k_h+d_h}\frac{\alpha(s-i_G)}{k_h+d_h-m}\mathrm{d}s\right)\right) \\ +(1-f_h)*\left(\int_m^{k_h+d_h}\frac{\alpha(s-i_B)}{k_h+d_h-m}\mathrm{d}s\right) \end{array}\right)$$

Die ex-ante Wahrscheinlichkeiten für die gute bzw. schlechte Ertragsumgebung werden gemäß Formel 3.1 eingesetzt und die jeweiligen Dichtefunktionen vor das Integral gezogen.

$$E(F)=$$

$$\frac{m-(k_h-d_h)}{2d_h}*\frac{1}{m-(k_h-d_h)}$$

$$*\left(\begin{array}{c} f_l*\left(\left(\int_{k_h-d_h}^{i_B}\alpha*(-s+i_B)\,\mathrm{d}s+\int_{i_B}^{m}\alpha*(s-i_B)\,\mathrm{d}s\right)\right) \\ +(1-f_l)*\left(\int_{k_h-d_h}^{m}\alpha*(-s+i_G)\,\mathrm{d}s\right) \end{array}\right)$$

$$+\frac{k_h+d_h-m}{2d_h}*\frac{1}{k_h+d_h-m}$$

$$*\left(\begin{array}{c} f_h*\left(\left(\int_m^{i_G}\alpha*(-s+i_G)\,ds+\int_{i_G}^{k_h+d_h}\alpha*(s-i_G)\,ds\right)\right) \\ +(1-f_h)*\left(\int_m^{k_h+d_h}\alpha*(s-i_B)\,ds\right) \end{array}\right)$$

Die ex-ante Wahrscheinlichkeiten mal die jeweilige Dichtefunktion werden zusammengefasst und die Integrale berechnet:

$$\frac{1}{2d_h}$$

$$
* \begin{pmatrix} f_l * \left(\frac{1}{2}\alpha\left(m^2 + d_h^2 + 2i_B^2 + 2d_h(i_B - k_h) + k_h^2 - 2i_B(m + k_h)\right)\right) \\ +(1 - f_l) * \left(-\frac{1}{2}\alpha(m + d_h - k_h)(m - d_h - 2i_G + k_h)\right) \end{pmatrix}
$$

$$
+\frac{1}{2d_h}
$$

$$
* \begin{pmatrix} f_h * \left(\frac{1}{2}\alpha\left(m^2 + d_h^2 + 2i_G^2 + k_h^2 - 2i_G(m + k_h) + 2d_h(-i_G + k_h)\right)\right) \\ +(1 - f_h) * \left(-\frac{1}{2}\alpha(m - d_h - k_h)(m + d_h - 2i_B + k_h)\right) \end{pmatrix}
$$

nach weiterem Zusammenfassen erhält man

$$
E(F) =
$$

$$
\frac{\begin{matrix} \alpha(d_h^2 - mf_l i_B + f_l i_B^2 + m(m(-1 + f_h + f_l) + i_B) + d_h(-1 + f_h + f_l)(i_B - i_G) + mi_G \\ -mf_l i_G - ((1 + f_l)i_B - (-1 + f_l)i_G)k_h + k_h^2 + f_h(i_G(-m + i_G - k_h) + i_B(-m + k_h))) \end{matrix}}{2d_h}
$$

Die optimale Entscheidung bei schlechtem Signal

$$
i_B^* = \frac{(m - d_h)(-1 + f_h + f_l) + (1 - f_h + f_l)k_h}{2f_l}
$$

und bei gutem Signal

$$i_G^* = \frac{(m + d_h)(-1 + f_h + f_l) + (1 + f_h - f_l)k_h}{2f_h}$$

eingesetzt, ergeben den erwarteten Fehler

$$E(F) = -\frac{\begin{array}{c}\alpha(f_h(d_h^2(1 + f_l(-8 + 3f_l)) + 2d_h(-1 + f_l^2)(m - k_h) \\ -(-1 + f_l^2)(m - k_h)^2) - f_h^2(d_h(-2 + 3f_l) \\ +(2 + f_l)(m - k_h))(m - d_h - k_h) + (-1 + f_l)^2 f_l(m + d_h - k_h)^2 \\ +f_h^3(-m + d_h + k_h)^2)\end{array}}{8d_h f_h f_l}$$

Herleitung Formel 4.2: „Erwarteter Payoff ohne Moral Hazard“

Basierend auf Formel 3.10

$$E(R) =$$

$$\frac{1}{8d_h f_h f_l}\Big(\alpha(-1+f_l)^2 f_l(m+d_h-k_h)^2+\alpha f_h^3(-m+d_h+k_h)^2$$

$$-f_h^2(m-d_h-k_h)(2m\alpha+(m\alpha+4A_B-4A_G)f_l+\alpha d_h(-2+3f_l)$$

$$-\alpha(2+f_l)k_h)$$

$$+f_h\big(\alpha d_h^2\big(1+f_l(-8+3f_l)\big)\!-\!1+f_l\big)(m-k_h)(m\alpha+(m\alpha+4A_B-4A_G)f_l$$

$$-\alpha(1+f_l)k_h)$$

$$+2d_h\big(-2A_B f_l(1+f_l)+(-1+f_l)(m\alpha+(m\alpha+2A_G)f_l)$$

$$+\big(\alpha+f_l(4-\alpha f_l)\big)k_h\big)\Big)$$

wird

$$A_B=A_G=c_1+c_2$$

eingesetzt, da der Principal die Arbeitsleistungen des Agenten e_1 und e_2 beobachten kann und ihm somit lediglich den entstandenen Aufwand ohne Kompensation für den Moral Hazard vergütet. So folgt

$E(R)=$

$$\frac{1}{8d_h f_h f_l} * (-\alpha f_h^2(d_h(-2+3f_l)+(2+f_l)(m-k_h))(m-d_h-k_h)$$

$$+\alpha(-1+f_l)^2 f_l(m+d_h-k_h)^2+\alpha f_h^3(-m+d_h+k_h)^2$$

$$+f_h(\alpha d_h^2(1+f_l(-8+3f_l))-\alpha(-1+f_l^{\,2})(m-k_h)^2$$

$$+2d_h(-m\alpha+f_l(-4(c_1+c_2)+m\alpha f_l)+(\alpha+f_l(4-\alpha f_l))k_h)))$$

Herleitung Formel 4.5: „IC-Nebenbedingung bei e_1-Moral Hazard"

Die Nebenbedingung basiert auf Formel 3.8 wobei für die Wahrscheinlichkeiten einer guten bzw. schlechten Ertragsumgebung gemäß Formel 2.1 substituiert wird. Da der Agent angereizt werden soll die hohen Aufwände zu wählen, gilt für die Wahrscheinlichkeiten auf der linken Seite der Formel 3.8

$$P(G|e_1,e_2)=P(G|e_{1h},e_{2h})=\frac{k_h+d_h-m}{2d_h}$$

$$P(B|e_1,e_2)=P(B|e_{1h},e_{2h})=\frac{m-(k_h-d_h)}{2d_h}$$

Da der Aufwand e_2 vom Principal beobachtbar ist, lauten die alternativ vom Agenten wählbaren Aufwände auf der rechten Seite der Formel 3.8

$$P(G|\widetilde{e_1},\widetilde{e_2})=P(G|e_{1l},e_{2h})=\frac{k_l+d_h-m}{2d_h}$$

$$P(B|\widetilde{e_1},\widetilde{e_2})=P(B|e_{1l},e_{2h})=\frac{m-(k_l-d_h)}{2d_h}$$

Eingesetzt in Formel 3.8 folgt

$$\frac{k_h + d_h - m}{2d_h}(f_h * A_G + (1 - f_h) * A_B) + \frac{m - (k_h - d_h)}{2d_h}(f_l * A_B + (1 - f_l)$$

$$* A_G) - c_1 - c_2$$

$$\geq \frac{k_l + d_h - m}{2d_h}(f_h * A_G + (1 - f_h) * A_B) + \frac{m - (k_l - d_h)}{2d_h}(f_l * A_B + (1 - f_l)$$

$$* A_G) - c_2$$

Mit $A_B = 0$ folgt

$$\frac{k_h + d_h - m}{2d_h}(f_h * A_G) + \frac{m - (k_h - d_h)}{2d_h}\big((1 - f_l) * A_G\big) - c_1$$

$$\geq \frac{k_l + d_h - m}{2d_h}(f_h * A_G) + \frac{m - (k_l - d_h)}{2d_h}((1 - f_l) * A_G)$$

$$<=> A_G \geq \frac{2c_1 d_h}{(-1 + f_h + f_l)(k_h - k_l)}$$

Herleitung Formel 4.11: „Erwartetes Gehalt bei e_1-MH, SU und $m = k_h \geq k_l + d_h$"

Gemäß Formel 3.13 gilt

$$E\left(A_{m=k_h \geq k_l + d_h}\right)$$

$$= \frac{A_{G_{m=k_h \geq k_l + d_h}}(d_h(1 + f_h - f_l) - (-1 + f_h + f_l)(m - k_h))}{2d_h}$$

Setzt man

$$f_h = f_l = f$$

und

$$m = k_h$$

ein, so folgt

$$E\left(A_{m=k_h \geq k_l + d_h}\right) = \frac{A_{G_{m=k_h \geq k_l + d_h}}}{2}$$

Setzt man für das vertraglich vereinbarte Gehalt den Mindestwert gemäß Formel 4.10

$$A_{G_{m=k_h \geq k_l + d_h}} = \frac{2c_1 d_h}{(-1 + 2f)(-m + d_h + k_h)}$$

und substituiert bei diesem $m = k_h$ so folgt

$$A_{G_{m=k_h \geq k_l+d_h}} = \frac{2c_1 d_h}{(-1+2f)(-k_h+d_h+k_h)} = \frac{2c_1}{(-1+2f)}$$

Dieses eingesetzt für das vertragliche Gehalt ergibt

$$E\left(A_{m=k_h \geq k_l+d_h}\right) = \frac{\frac{2c_1}{(-1+2f)}}{2} = \frac{c_1}{-1+2f}$$

Herleitung Formel 4.12: „Erwartetes Gehalt bei e_1-MH, SU und $m = k_h + x \geq k_l + d_h$"

Gemäß Formel 3.13 gilt

$$E\left(A_{m=k_h+x \geq k_l+d_h}\right)$$

$$= \frac{A_{G_{m=k_h+x \geq k_l+d_h}}\left(d_h(1+f_h-f_l)-(-1+f_h+f_l)(m-k_h)\right)}{2d_h}$$

mit

$$f_h = f_l = f$$

und

$$m = k_h + x$$

eingesetzt, folgt

$$E\left(A_{m=k_h+x\geq k_l+d_h}\right)=\frac{A_{G_{m=k_h+x\geq k_l+d_h}}(d_h-(-1+2f)(x))}{2d_h}$$

$$=\frac{A_{G_{m=k_h+x\geq k_l+d_h}}(d_h+x-2*f*x))}{2d_h}$$

Mit dem vertraglich vereinbarten Gehalt gemäß Formel 4.10

$$A_{G_{m=k_h+x\geq k_l+d_h}}=\frac{2c_1d_h}{(-1+2f)(-m+d_h+k_h)}$$

$$=\frac{2c_1d_h}{(-1+2f)(-(k_h+x)+d_h+k_h)}=\frac{2c_1d_h}{(-1+2f)(-x+d_h)}$$

eingesetzt, folgt

$$E\left(A_{m=k_h+x\geq k_l+d_h}\right)=\frac{\frac{2c_1d_h}{(-1+2f)(-x+d_h)}(d_h+x-2*f*x))}{2d_h}$$

$$=\frac{2c_1d_h*(d_h+x-2*f*x))}{2d_h*(-1+2f)(-x+d_h)}=\frac{c_1\left((-1+2f)x-d_h\right)}{(-1+2f)(x-d_h)}$$

Herleitung Formel 4.13: „Erwartetes Gehalt bei e_1-MH, SU und $m = k_h - x \geq k_l + d_h$"

Gemäß Formel 3.13 gilt

$$E\left(A_{m=k_h-x\geq k_l+d_h}\right)$$

$$= \frac{A_{G_{m=k_h-x\geq k_l+d_h}}(d_h(1+f_h-f_l)-(-1+f_h+f_l)(m-k_h))}{2d_h}$$

mit

$$f_h = f_l = f$$

und

$$m = k_h - x$$

eingesetzt, folgt

$$E\left(A_{m=k_h-x\geq k_l+d_h}\right) = \frac{A_{G_{m=k_h-x\geq k_l+d_h}}(d_h-(-1+2f)(-x))}{2d_h}$$

Das vertraglich vereinbarte Gehalt gemäß Formel 4.10

$$A_{G_{m=k_h-x\geq k_l+d_h}} = \frac{2c_1d_h}{(-1+2f)(-m+d_h+k_h)}$$

$$= \frac{2c_1 d_h}{(-1+2f)(-(k_h - x) + d_h + k_h)} = \frac{2c_1 d_h}{(-1+2f)(x + d_h)}$$

eingesetzt, so folgt

$$E\left(A_{m=k_h - x \geq k_l + d_h}\right) = \frac{\frac{2c_1 d_h}{(-1+2f)(x+d_h)}\left(d_h - (-1+2f)(-x)\right)}{2d_h}$$

$$= \frac{c_1(d_h - (-1+2f)(-x))}{(-1+2f)(x+d_h)} = \frac{c_1((-1+2f)x + d_h)}{(-1+2f)(x+d_h)}$$

Herleitung Formel 4.14: „Optimaler Cut-Off bei e_1-MH, SU und $k_h \geq k_l + d_h$"

Der Principal wird solange von seinem fehlerminimierenden Cut-Off abweichen, wie das erwartete Gehalt stärker fällt als der erwartete Fehler zunimmt. Im Optimum muss gemäß Formel 4.1 die Gleichung

$$\frac{dE\left(A_{G_{m=k_h - x \geq k_l + d_h}}\right)}{dx} = -\frac{dE\left(F_{m=k_h - x}\right)}{dx}$$

erfüllt sein. Der erwartete Fehler basiert auf Formel 3.15. Setzt man dort

$$m = k_h - x$$

ein, so folgt

$$E\left(F_{m=k_h-x}\right)=\frac{\alpha\left((-1+2f)x^2+(-1+6f-4f^2)d_h^2\right)}{4fd_h}$$

Für das erwartete Gehalt wird Formel 4.13 eingesetzt, so folgt

$$\frac{d\frac{c_1\left((-1+2f)x+d_h\right)}{(-1+2f)(x+d_h)}}{dx}=-\frac{d\frac{\alpha\left((-1+2f)x^2+(-1+6f-4f^2)d_h^2\right)}{4fd_h}}{dx}$$

$$<=$$

$$>\frac{(c_1(-1+2f))*((-1+2f)(x+d_h))-(-1+2f)*(c_1((-1+2f)x+d_h))}{((-1+2f)(x+d_h))\char`^2}$$

$$=-\frac{(2x\alpha(-1+2f))*(4fd_h)}{(4fd_h)\char`^2}$$

$$<=>\frac{2(-1+f)c_1d_h}{(-1+2f)(x+d_h)^2}=-\frac{(-1+2f)x\alpha}{2fd_h}$$

$$<=>c_1=\frac{(-1+2f)^2x\alpha(x+d_h)^2}{4(1-f)fd_h^2}$$

Herleitung Formel 4.16: „Erwartetes Gehalt bei e_1-MH, KRL und $m \geq k_l + d_h$“

Das erwartete Gehalt lautet gemäß Formel 3.13

$$E\left(A_{m\geq k_l+d_h}\right) = \frac{A_{G_{m\geq k_l+d_h}}\left(d_h(1+f_h-f_l) - (-1+f_h+f_l)(m-k_h)\right)}{2d_h}$$

Für das vertragliche vereinbarte Gehalt wird gemäß Formel 4.15

$$A_{G_{m\geq k_l+d_h}} = \frac{2c_1 d_h}{f_h(-m+d_h+k_h)}$$

eingesetzt, so folgt

$$E\left(A_{m\geq k_l+d_h}\right)$$

$$= \frac{\frac{2c_1 d_h}{f_h(-m+d_h+k_h)}\left(d_h(1+f_h-1) - (-1+f_h+1)(m-k_h)\right)}{2d_h}$$

$$= \frac{2c_1 d_h\left(d_h(f_h) - (f_h)(m-k_h)\right)}{2d_h * f_h(-m+d_h+k_h)} = c_1$$

Herleitung Formel 4.18: „Erwarteter Payoff bei optimalem Cut-Off bei e_1-MH, KRL und $k_h \geq k_l + d_h$“

Setzt man

$$f_l = 1$$

in Formel 3.10 ein, erhält man den Payoff bei KRL in Abhängigkeit von *m*

$$E(R) =$$

$$\frac{\alpha f_h^3(-m + d_h + k_h)^2 - f_h^2(m - d_h - k_h)(3m\alpha + 4A_B - 4A_G + \alpha d_h - 3\alpha k_h) + f_h(-4\alpha d_h^2 + 2d_h(-4A_B + 4k_h))}{8d_h f_h}$$

Setzt man für das vertraglich vereinbarte Gehalt gemäß Formel 4.15

$$A_G = \frac{2c_1 d_h}{f_h(-m + d_h + k_h)}$$

und

$$A_B = 0$$

ein, so folgt

$$E(R) = \frac{\alpha f_h^3(-m + d_h + k_h)^2 + f_h\left(-4\alpha d_h^2 + 8d_h k_h\right) - f_h^2(m - d_h - k_h)\left(3m\alpha + \alpha d_h - 3\alpha k_h - \frac{8c_1 d_h}{f_h(-m + d_h + k_h)}\right)}{8d_h f_h}$$

Setzt man dort den optimalen Cut-Off gemäß Formel 4.17

$$m = d_h(1 + \frac{2}{-3 + f_h}) + k_h$$

ein, erhält man den erwarteten Payoff

$$E(R) = -c_1 + \alpha d_h(-1 + \frac{3}{6 - 2f_h}) + k_h$$

Um diesen mit dem Payoff unter symmetrischer Unsicherheit vergleichen zu können, muss gemäß Formel 3.2 die Wahrscheinlichkeit

$$f_h = 2f - 1$$

eingesetzt werden, so folgt

$$E(R) = -c_1 + (-1 + \frac{3}{6-2(-1+2f)})\alpha d_h + k_h$$

Beim erwarteten Payoff unter symmetrischer Unsicherheit wird für die Kosten

$$c_1 = \frac{(-1 + 2f)^2 x\alpha(x + d_h)^2}{4(1 - f)f d_h^2}$$

eingesetzt. Dies ist notwendig, da nicht komfortabel nach dem Cut-Off m (oder genauer x, welches die Abweichung von m unterhalb von k_h beschreibt) aufgelöst werden kann. Durch ersetzen der Kosten wird angenommen, dass, egal welches x in den Payoff der symmetrischen Unsicherheit eingesetzt wird, dieses x für die dazugehörigen Kosten c_1 optimal ist, um den Payoff zu maximieren. Für einen Vergleich werden diese Kosten subsituiert und es folgt

$$E(R) = (-1 + \frac{3}{6 - 2(-1 + 2f)})\alpha d_h - \frac{(-1 + 2f)^2 x\alpha(x + d_h)^2}{4(1 - f)f d_h^2} + k_h$$

Herleitung Formel 4.19: „Erwarteter Payoff bei optimalem Cut-Off bei e_1-MH, SU und $k_h \geq k_l + d_h$"

Setzt man in Formel 3.10

$$f_l = f_h = f$$

ein, erhält man den erwarteten Payoff bei symmetrischer Unsicherheit in Abhängigkeit von m

$$E(R) = \frac{(1 - 2f)m^2\alpha + (1 - 6f + 4f^2)\alpha d_h^2 + 2fA_G(-d_h + (-1 + 2f)(m - k_h)) - 2fA_B(d_h + (-1 + 2f)(m - k_h)) + 2((-1 + 2f)m\alpha + 2fd_h)k_h + (1 - 2f)\alpha k_h^2}{4fd_h}$$

Setzt man für das vertraglich vereinbarte Gehalt gemäß Formel 4.10

$$A_G = \frac{2c_1 d_h}{(-1 + 2f)(-m + d_h + k_h)}$$

und

$$A_B = 0$$

ein, so lautet der erwartete Payoff

$$E(R) =$$

$$\frac{-\frac{(-1+2f)\alpha(m-k_h)^2}{f} + d_h^2\left(\left(-6+\frac{1}{f}+4f\right)\alpha - \frac{4c_1}{(-1+2f)(-m+d_h+k_h)}\right) + 4d_h(k_h + c_1(-1+\frac{d_h}{-m+d_h+k_h}))}{4d_h}$$

Der optimale Cut-Off m liegt, wie in Formel 4.14 gezeigt, um den Betrag x unter dem Erwartungswert und hängt unter anderem von den Kosten c_1 ab. Setzt man

$$m = k_h - x$$

und

$$c_1 = \frac{(x * \alpha) * (-1+2f)^2 * (x+d_h)^2}{(4fd_h^2) * (1-f)}$$

ein, so folgt

$$E(R) =$$

$$-\frac{(-1+2f)x^2\alpha}{f}+d_h^2\left(\left(-6+\frac{1}{f}+4f\right)\alpha-\frac{(-1+2f)x\alpha(x+d_h)}{(1-f)fd_h^2}\right)$$

$$\frac{+4d_h(\frac{(-1+2f)^2x\alpha(x+d_h)^2(-1+\frac{d_h}{x+d_h})}{4(1-f)fd_h^2}+k_h)}{4d_h}$$

Herleitung Formel 4.20: „Optimalitätsbedingung für die Vorteilhaftigkeit KRL gegenüber SU, e_1-MH, $k_h \geq k_l + d_h$"

Damit die KRL der symmetrischen Unsicherheit vorzuziehen ist, muss gelten

$$E(R_{KRL}) > E(R_{SU})$$

$$<=> (-1+\frac{3}{6-2(-1+2f)})\alpha d_h-\frac{(-1+2f)^2x\alpha(x+d_h)^2}{4(1-f)fd_h^2}+k_h$$

$$-\frac{(-1+2f)x^2\alpha}{f}+d_h^2\left(\left(-6+\frac{1}{f}+4f\right)\alpha-\frac{(-1+2f)x\alpha(x+d_h)}{(1-f)fd_h^2}\right)$$

$$> \frac{+4d_h(\frac{(-1+2f)^2x\alpha(x+d_h)^2(-1+\frac{d_h}{x+d_h})}{4(1-f)fd_h^2}+k_h)}{4d_h}$$

$$<=>$$

$$\frac{8x^2\alpha}{1-f}-\frac{2x^2\alpha}{(1-f)f}-\frac{8fx^2\alpha}{1-f}+\frac{4x^3\alpha}{(1-f)d_h}-\frac{x^3\alpha}{(1-f)fd_h}-\frac{4fx^3\alpha}{(1-f)d_h}+\frac{4x\alpha d_h}{1-f}$$
$$-\frac{x\alpha d_h}{(1-f)f}-\frac{4fx\alpha d_h}{1-f}-4\alpha d_h^2+\frac{12\alpha d_h^2}{6-2(-1+2f)}+4d_hk_h$$

$$>$$

$$-2x^2\alpha+\frac{6x^2\alpha}{1-f}+\frac{x^2\alpha}{f}-\frac{x^2\alpha}{(1-f)f}-\frac{8fx^2\alpha}{1-f}+\frac{4x^3\alpha}{(1-f)d_h}-\frac{x^3\alpha}{(1-f)fd_h}$$
$$-\frac{4fx^3\alpha}{(1-f)d_h}+\frac{2x\alpha d_h}{1-f}-\frac{4fx\alpha d_h}{1-f}-6\alpha d_h^2+\frac{\alpha d_h^2}{f}+4f\alpha d_h^2-\frac{4x^3\alpha}{(1-f)(x+d_h)}$$
$$+\frac{x^3\alpha}{(1-f)f(x+d_h)}+\frac{4fx^3\alpha}{(1-f)(x+d_h)}-\frac{8x^2\alpha d_h}{(1-f)(x+d_h)}$$
$$+\frac{2x^2\alpha d_h}{(1-f)f(x+d_h)}+\frac{8fx^2\alpha d_h}{(1-f)(x+d_h)}-\frac{4x\alpha d_h^2}{(1-f)(x+d_h)}$$
$$+\frac{x\alpha d_h^2}{(1-f)f(x+d_h)}+\frac{4fx\alpha d_h^2}{(1-f)(x+d_h)}+4d_hk_h \,|\, -\mathit{rechte\ Seite}$$

$$<=>$$

$$\frac{(-1+2f)\alpha(3(-2+f)x^2+2(-2+f)xd_h-2(-1+f)^2d_h^2)}{(-2+f)f}$$

$$>0|*(-2+f)f$$

$$<=>$$

$$(-1+2f)\alpha\left(3(-2+f)x^2+2(-2+f)xd_h-2(-1+f)^2d_h^2\right)$$

$$<0|:(-1+2f)\alpha$$

$$<=> 3(-2+f)x^2+2(-2+f)xd_h-2(-1+f)^2d_h^2<0$$

Herleitung Formel 4.23: „Erwarteter Payoff bei e_1-MH, SU und $k_l + 2d_h \leq k_h$ mit Rand-Cut-Off und vergleichbarer Kosten“

Setzt man in die Formel 3.11 das vertraglich vereinbarte Gehalt

$$A_{G_{m=k_h-d_h}}=\frac{c_1}{-1+f_h+f_l}$$

und

$$A_B=0$$

ein, lautet der erwartete Payoff

$$E(R) = -\frac{2fc_1 + (-1+2f)(\alpha d_h - 2k_h)}{-2+4f}$$

Da wir diesen Payoff mit dem Payoff bei geringer Überlappung der Verteilungen, welcher davon ausgeht, dass stets die optimale Abweichung x unter dem Erwartungswert in Abhängigkeit der Kosten c_1 gesetzt wird, vergleichen wollen, müssen hier dieselben Kosten gemäß Formel 4.14 angesetzt werden. Diesen Kosten lauten

$$c_1 = \frac{(-1+2f)^2 x\alpha(x+d_h)^2}{4(1-f)fd_h^2}$$

Die Abweichung x wird in diesen Kosten auf d_h gesetzt, da wir für den zu ermittelnden Payoff den Rand-Cut-Off betrachten. So ergibt sich für die Kosten

$$c_1 = -\frac{(-1+2f)^2\alpha d_h}{(-1+f)f}$$

Diese Kosten eingesetzt in den erwarteten Payoff mit Rand-Cut-Off

$$E(R) = -\frac{2fc_1 + (-1+2f)(\alpha d_h - 2k_h)}{-2+4f}$$

ergibt

$$E(R) = \frac{(-1+3f)\alpha d_h}{2(-1+f)} + k_h$$

Herleitung Formel 4.25: „Abweichung x vom Erwartungswert k_h für Rand-Cut-Off-Dominanz"

Damit der Rand-Cut-Off dominiert, muss gelten

$$E\left(R_{m=k_h-d_h}\right) > E(R_{m>k_h-d_h})$$

$$<=> \frac{(-1+3f)\alpha d_h}{2(-1+f)} + k_h$$

$$> \frac{-\frac{(-1+2f)x^2\alpha}{f} + d_h^2\left(\left(-6+\frac{1}{f}+4f\right)\alpha - \frac{(-1+2f)x\alpha(x+d_h)}{(1-f)fd_h^2}\right) + 4d_h\left(\frac{(-1+2f)^2x\alpha(x+d_h)^2\left(-1+\frac{d_h}{x+d_h}\right)}{4(1-f)fd_h^2} + k_h\right)}{4d_h}$$

$$<=> \frac{(-1+3f)\alpha d_h + k_h\left(2(-1+f)\right)}{(-1+f)}$$

$$> \frac{(1-2f)^2x^3\alpha + d_h((-1+f+2f^2)x^2\alpha + d_h((-1+2f)x\alpha + (-1+f)((1-6f+4f^2)\alpha d_h + 4fk_h)))}{2(-1+f)fd_h^2}$$

$$<=> (-1+3f)\alpha d_h + k_h\big(2(-1+f)\big) * \big(2f d_h^2\big)$$

$$> (1-2f)^2 x^3 \alpha + d_h((-1+f+2f^2)x^2\alpha + d_h((-1+2f)x\alpha + (-1 + f)((1-6f+4f^2)\alpha d_h + 4f k_h)))$$

$$<=>$$

$$x^3(\alpha - 4f\alpha + 4f^2\alpha) + \alpha d_h - 3f\alpha d_h - \alpha d_h^3 + 7f\alpha d_h^3 - 10f^2\alpha d_h^3 + 4f^3\alpha d_h^3 + x^2(-\alpha d_h + f\alpha d_h + 2f^2\alpha d_h) + x\big(-\alpha d_h^2 + 2f\alpha d_h^2\big) > 0$$

$$<=> x >$$

$$\left((-2+f)^2 d_h^2 - (1+f)d_h\left(\left(-19+f\left(150+f(-453+(485-108f)f)\right)\right)d_h^3 + \right.\right.$$

$$\left.3\sqrt{3}\sqrt{(1-2f)^2\left(11+f(-94+27f)\right)\left(1+f\left(-6+f\left(17+2f(-9+2f)\right)\right)\right)d_h^6}\right)^{1/3} +$$

$$\left(\left(-19+f\left(150+f(-453+(485-108f)f)\right)\right)d_h^3 + \right.$$

$$\left.\left.3\sqrt{3}\sqrt{(1-2f)^2\left(11+f(-94+27f)\right)\left(1+f\left(-6+f\left(17+2f(-9+2f)\right)\right)\right)d_h^6}\right)^{2/3}\right)$$

$$\overline{}$$

$$(3(-1 + 2f)((-19+f(150+f(-453+(485-108f)f)))d_h^3 + 3\sqrt{3}\sqrt{(1-2f)^2(11+f(-94+27f))(1+f(-6+f(17+2f(-9+2f))))d_h^6})^{1/3}$$

Herleitung Formel 4.26: "Erwartetes Gehalt bei Rand-Cut-Off"

Das erwartete Gehalt im Allgemeinen lautet gemäß Formel 3.13

$$E(A) = \left(P(G|e_h) * f_h + P(B|e_h) * (1-f_l)\right) * A_G$$

Setzt man die Wahrscheinlichkeiten für den Rand-Cut-Off

$$P(G|e_{1h}, e_{2h}) = \frac{k_h + d_h - m}{2d_h} = 1$$

$$P(B|e_{1h}, e_{2h}) = \frac{m - (k_h - d_h)}{2d_h} = 0$$

ein, so folgt

$$E(A) = \left(1 * f_h + 0 * (1 - f_l)\right) * A_G$$

mit dem vertraglichen Gehalt gemäß Formel 4.22

$$A_{G_{m=k_h-d_h}} = \frac{c_1}{-1 + 2f}$$

folgt

$$E(A) = \frac{f c_1}{-1 + 2f}$$

Um einen Vergleich mit dem Überrand-Cut-Off zu ermöglichen, müssen dieselben Kosten gemäß Formel 4.14

$$c_1 = \frac{(x * \alpha) * (-1 + 2f)^2 * (x + d_h)^2}{(4f d_h^2) * (1 - f)}$$

eingesetzt werden, so folgt

$$E(A) = \frac{(1 - 2f)\alpha d_h}{-1 + f}$$

Herleitung Formel 4.27: "Erwarteter Fehler bei Rand-Cut-Off"

Generell berechnet sich der erwartete Fehler gemäß Formel 3.14

$$E(F) =$$

$$(1-q) * \left(\begin{array}{c} f_l * \left(\int_{k_h-d_h}^{i_B} \frac{\alpha(-s+i_B)}{m-(k_h-d_h)} ds + \int_{i_B}^{m} \frac{\alpha(s-i_B)}{m-(k_h-d_h)} ds \right) \\ +(1-f_l) * \left(\int_{k_h-d_h}^{m} \frac{\alpha(-s+i_G)}{m-(k_h-d_h)} ds \right) \end{array} \right)$$

$$+q * \left(\begin{array}{c} f_h * \left(\int_{m}^{i_G} \frac{\alpha(-s+i_G)}{k_h+d_h-m} ds + \int_{i_G}^{k_h+d_h} \frac{\alpha(s-i_G)}{k_h+d_h-m} ds \right) \\ +(1-f_h) * \left(\int_{m}^{k_h+d_h} \frac{\alpha(s-i_B)}{k_h+d_h-m} ds \right) \end{array} \right)$$

Bei Rand-Cut-Off muss es zu einer guten Ertragsumgebung kommen, wenn der Agent einen Anreiz erhält die hohen Aufwände zu wählen. Daher ist $q = 1$. Außerdem wird der Principal mit dem Wissen, dass sich s rechts von seinem Cut-Off realisieren wird, immer ein i_G wählen, selbst wenn er mit Wahrscheinlichkeit $1 - f_h$ ein schlechtes Signal erhält. Daher folgt

$$E(F) =$$

$$f_h * \left(\int_m^{i_G} \frac{\alpha(-s + i_G)}{k_h + d_h - m} ds + \int_{i_G}^{k_h + d_h} \frac{\alpha(s - i_G)}{k_h + d_h - m} ds \right) + (1 - f_h)$$

$$* \left(\int_m^{i_G} \frac{\alpha(-s + i_G)}{k_h + d_h - m} ds + \int_{i_G}^{k_h + d_h} \frac{\alpha(s - i_G)}{k_h + d_h - m} ds \right)$$

Als Entscheidung wird er unabhängig vom Signal $i_G = k_h$ wählen. Setzt man die Entscheidung und den Cut-Off $m = k_h - d_h$ ein folgt für symmetrische Unsicherheit

$$E(F) = \frac{1}{2} * \alpha * d_h$$

Herleitung Formel 4.28: "Erwartetes Gehalt bei Annäherung an Rand-Cut-Off"

Das erwartete Gehalt bei Überrand-Cut-Off lautet gemäß Formel 3.13

$$E(A) = \left(\frac{k_h + d_h - m}{2d_h} * f_h + \frac{m - (k_h - d_h)}{2d_h} * (1 - f_l) \right) * A_G$$

mit dem vertraglich vereinbarten Gehalt gemäß Formel 4.10

$$A_{G_{m \geq k_l + d_h}} = \frac{2c_1 d_h}{(-1 + 2f)(-m + d_h + k_h)}$$

und mit

$$m = k_h - x$$

folgt

$$E(A) = \frac{fc_1}{-1+2f} + \frac{(1-f)c_1(-x+d_h)}{(-1+2f)(x+d_h)}$$

Setzt man hier die Kosten gemäß Formel 4.14

$$c_1 = \frac{(x*\alpha)*(-1+2f)^2*(x+d_h)^2}{(4fd_h^2)*(1-f)}$$

erhält man

$$E(A) = -\frac{(1-2f)^2(1-f)x\alpha(-x+d_h)(x+d_h)}{4(-1+f)f(-1+2f)d_h^2} - \frac{(1-2f)^2x\alpha(x+d_h)^2}{4(-1+f)(-1+2f)d_h^2}$$

Wenn der Cut-Off gegen $k_h - d_h$ geht, d.h. wenn x gegen d_h, so folgt

$$= \lim_{x \to d_h} -\frac{(1-2f)^2(1-f)x\alpha(-x+d_h)(x+d_h)}{4(-1+f)f(-1+2f)d_h^2} - \frac{(1-2f)^2x\alpha(x+d_h)^2}{4(-1+f)(-1+2f)d_h^2}$$

$$= \frac{(1-2f)\alpha d_h}{-1+f}$$

Herleitung Formel 4.29: "Bedingung, dass erwarteter Fehler bei Rand-Cut-Off kleiner ist als erwarteter Fehler bei Überrand-Cut-Off"

Der erwartete Fehler für SU lautet gemäß Formel 3.15

$$E\left(F_{m>k_h-d_h}\right) = -\frac{\alpha((1-6f+4f^2)d_h^2 - (-1+2f)(m-k_h)^2)}{4fd_h}$$

Drückt man den Cut-Off als Abweichung vom Erwartungswert aus mit

$$m = k_h - x$$

so folgt

$$E\left(F_{m>k_h-d_h}\right) = \frac{\alpha((-1+2f)x^2 + (-1+6f-4f^2)d_h^2)}{4fd_h}$$

Die Bedingung, dass der erwartete Fehler bei Rand-Cut-Off gemäß Formel 4.27 kleiner ist als bei Überrand-Cut-Off, wird ausgedrückt als

$$E\left(F_{m=k_h-d_h}\right) < E\left(F_{m>k_h-d_h}\right)$$

$$<=> \frac{1}{2}\alpha d_h < \frac{\alpha((-1+2f)x^2 + (-1+6f-4f^2)d_h^2)}{4fd_h}$$

Die Cut-Off-Abweichung x liegt weiterhin im Bereich $x\epsilon[0, d_h]$. Die quadratische Ungleichung hat zwei positive Lösungen. Die erste Lösung

$$f = \frac{1}{2}$$

kann definitionsgemäß nicht erfüllt werden. Die zweite Lösung

$$f < \frac{x^2 + d_h^2}{2d_h^2}$$

nimmt für die rechte Seite die Werte zwischen 1 für x $= d_h$ und 0.5 für x $= 0$ an. Je niedriger die Signalzuverlässigkeit ist, umso eher wird diese Bedingung erfüllt, d.h. umso schneller ist der erwartete Fehler des Rand-Cut-Offs kleiner als bei Überrand-Cut-Off.

Herleitung Formel 4.31: „Erwarteter Payoff bei e_1-MH, KRL und $k_l + 2d_h \leq k_h$ mit Rand-Cut-Off"

Setzt man in Formel 3.11 das vertraglich vereinbarte Gehalt

$$A_G = \frac{c_1}{f_h}$$

und

$$A_B = 0$$

ein, so lautet der erwartete Payoff

$$E(R) = -c_1 - \frac{\alpha d_h}{2} + k_h$$

Herleitung Formel 4.33: „Erwartetes Gehalt bei Rand-Cut-Off und Überrand-Cut-Off“

Das erwartete Gehalt bei Rand-Cut-Off lautet gemäß Formel 3.13

$$E\left(A_{m=k_h-d_h}\right) = \left(P(G|e_h) * f_h + P(B|e_h) * (1 - f_l)\right) * A_G$$

$$= \left(1 * f_h + 0 * (1 - f_l)\right) * A_G = f_h * A_G$$

mit dem vertraglichen Gehalt gemäß Formel 4.30

$$A_{G_{m=k_h-d_h}} = \frac{c_1}{f_h}$$

folgt

$$E\left(A_{m=k_h-d_h}\right) = c_1$$

Das erwartete Gehalt bei Überrand-Cut-Off lautet gemäß Formel 3.13

$$E\left(A_{m>k_h-d_h}\right)=\left(\frac{k_h+d_h-m}{2d_h}*f_h+\frac{m-(k_h-d_h)}{2d_h}*(1-f_l)\right)*A_G$$

Mit dem vertraglich vereinbarten Gehalt gemäß Formel 4.15

$$A_{G_{m>k_h-d_h}}=\frac{2c_1d_h}{f_h(-m+d_h+k_h)}$$

folgt

$$E\left(A_{m>k_h-d_h}\right)=c_1$$

Herleitung Formel 4.35: „Dominanzbedingung der KRL mit Überrand-Cut-Off über SU mit Rand-Cut-Off"

Damit die konservative Rechnungslegung über die symmetrische Unsicherheit dominiert, muss gelten

$$E(R_{KRL})>E\left(R_{SU\ und\ Rand-Cut-Off}\right)$$

$$<=>\frac{(-8+f(31+3f(-13+4f)))\alpha d_h}{4(-2+f)(-1+f)f}+k_h$$

$$>\frac{(-1+3f)\alpha d_h}{2(-1+f)}+k_h|-k_h$$

$$<=> \frac{(-8+f(31+3f(-13+4f)))\alpha d_h}{4(-2+f)(-1+f)f}$$

$$> \frac{(-1+3f)\alpha d_h}{2(-1+f)} |Nenner\ multipl.$$

$$<=> 16\alpha d_h - 78f\alpha d_h + 140f^2\alpha d_h - 102f^3\alpha d_h + 24f^4\alpha d_h$$

$$< -8f\alpha d_h + 36f^2\alpha d_h - 40f^3\alpha d_h + 12f^4\alpha d_h$$

$$<=> 2(-1+f)^2\big(8+f(-19+6f)\big)\alpha d_h < 0$$

$$<=> -19f + 6f^2 + 8 < 0$$

Diese Bedingung ist für alle $0.5 < f \leq 1$ erfüllt.

Herleitung Formel 4.36: „IC-Nebenbedingung bei e_1-Moral Hazard und $k_h \leq k_l + d_h$"

Setzt man in Formel 4.5 das Gehalt bei schlechtem Signal

$$A_B = 0$$

ein, so lautet die IC-Nebenbedingung

$$\frac{A_G(1-f_l)(m+d_h-k_h)}{2d_h} + \frac{A_G f_h(-m+d_h+k_h)}{2d_h} - c_1$$

$$> \frac{A_G(1-f_l)(m+d_h-k_l)}{2d_h} + \frac{A_G f_h(-m+d_h+k_l)}{2d_h}$$

$$<=> -c_1 * 2d_h + A_G(1-f_l)(m+d_h-k_h) + A_G f_h(-m+d_h+k_h)$$

$$> A_G(1-f_l)(m+d_h-k_l) + A_G f_h(-m+d_h+k_l)$$

$$<=> A_G \geq \frac{2c_1 d_h}{(-1+f_h+f_l)(k_h-k_l)}$$

Herleitung Formel 4.37: „Erwartetes Gehalt des Agenten bei e_1-Moral Hazard und $k_h \leq k_l + d_h$"

Basierend auf Formel 3.13 mit dem vertraglich vereinbarten Gehalt

$$A_G = \frac{2c_1 d_h}{(-1+f_h+f_l)(k_h-k_l)}$$

eingesetzt, folgt das erwartete Gehalt

$$E(A) = \frac{\frac{2c_1 d_h}{(-1+f_h+f_l)(k_h-k_l)}(d_h(1+f_h-f_l)-(-1+f_h+f_l)(m-k_h))}{2d_h}$$

$$= \frac{c_1(d_h(1+f_h-f_l)-(-1+f_h+f_l)(m-k_h))}{(-1+f_h+f_l)(k_h-k_l)}$$

Herleitung Formel 4.40: „Erwarteter Payoff bei e_1-Moral Hazard, SU und $k_h \leq k_l + d_h$ mit $m = k_l + d_h + x$"

Basierend auf Formel 3.10 mit den Wahrscheinlichkeiten für symmetrische Unsicherheit

$$f_l = f_h = f$$

eingesetzt, folgt der erwartete Payoff

$$E(R) =$$

$$\frac{(1-2f)m^2\alpha + (1-6f+4f^2)\alpha d_h^2 + 2fA_G\left(-d_h + (-1+2f)(m-k_h)\right) - 2fA_B(d_h + (-1+2f)(m-k_h)) + 2((-1+2f)m\alpha + 2fd_h)k_h + (1-2f)\alpha k_h^2}{4fd_h}$$

Mit dem vertraglich vereinbarten Gehalt

$$A_G = \frac{2c_1 d_h}{(-1+2f)(-x+k_h-k_l)}$$

und

$$A_B = 0$$

eingesetzt, folgt

$$E(R) =$$

$$\frac{4fc_1d_h(m-2fm+d_h+(-1+2f)k_h)-(-1+2f)((1-6f+4f^2)\alpha d_h^2 -(-1+2f)\alpha(m-k_h)^2+4fd_hk_h)(-x+k_h-k_l)}{4f(-1+2f)d_h(x-k_h+k_l)}$$

Setzt man den hier untersuchten Cut-Off

$$m = k_l + d_h + x$$

ein, folgt

$$E(R) =$$

$$-\frac{(1-2f)^2\alpha(x-k_h+k_l)^3 +2(-1+2f)d_h(x-k_h+k_l)\left(2fc_1+\left(\alpha-2f(1+\alpha)\right)k_h+(-1+2f)\alpha(x+k_l)\right) -2d_h^2\left(-4(-1+f)fc_1+(-1+2f)(1+2(-2+f)f)\alpha(x-k_h+k_l)\right)}{4f(-1+2f)d_h(x-k_h+k_l)}$$

Herleitung Formel 4.42: „Dominanzbedingung für Cut-Off maximal $m = k_l + d_h$**"**

Damit der Cut-Off bei $k_l + d_h$ alle darüber liegenden Cut-Offs dominiert, muss gelten

$$E\left(R_{m=k_l+d_h+x}\right) < E\left(R_{m=k_l+d_h}\right)$$

$$<=>$$

$$-\frac{\begin{array}{c}(1-2f)^2\alpha(x-k_h+k_l)^3\\ +2(-1+2f)d_h(x-k_h+k_l)\left(2fc_1+\left(\alpha-2f(1+\alpha)\right)k_h+(-1+2f)\alpha(x+k_l)\right)\\ -2d_h^2\left(-4(-1+f)fc_1+(-1+2f)(1+2(-2+f)f)\alpha(x-k_h+k_l)\right)\end{array}}{4f(-1+2f)d_h(x-k_h+k_l)}$$

$$<-\frac{\begin{array}{c}(1-2f)^2\alpha(-k_h+k_l)^3\\ +2(-1+2f)d_h(-k_h+k_l)\left(2fc_1+\left(\alpha-2f(1+\alpha)\right)k_h+(-1+2f)\alpha k_l\right)\\ -2d_h^2\left(-4(-1+f)fc_1+(-1+2f)(1+2(-2+f)f)\alpha(-k_h+k_l)\right)\end{array}}{4f(-1+2f)d_h(-k_h+k_l)}$$

$$<=>$$

$$-\Big((1-2f)^2\alpha(x-k_h+k_l)^3$$

$$+2(-1+2f)d_h(x-k_h+k_l)\Big(2fc_1+\big(\alpha-2f(1+\alpha)\big)k_h$$

$$+(-1+2f)\alpha(x+k_l)\Big)$$

$$-2d_h^2\big(-4(-1+f)fc_1+(-1+2f)(1+2(-2+f)f)\alpha(x-k_h+k_l)\big)\Big)\big((k_h$$

$$-k_l)\big)$$

$$<(4fc_1d_h(2(-1+f)d_h-(-1+2f)(k_h-k_l))$$

$$+(-1+2f)(k_h-k_l)(2(1+2(-2+f)f)\alpha d_h^2-(-1+2f)\alpha(k_h-k_l)^2$$

$$+2d_h((-\alpha+2f(1+\alpha))k_h+(1-2f)\alpha k_l)))((x-k_h+k_l))$$

$$<=> c_1 > -\frac{(1-2f)^2\alpha(k_h-k_l)(x-k_h+k_l)(x+2d_h-2k_h+2k_l)}{8(-1+f)fd_h^2}$$

Da x über $k_l + d_h$ liegt, aber, um innerhalb der Verteilung zu bleiben, nicht über $k_h + d_h$ liegen darf, ist der maximale Wert für $x = k_h + d_h - (k_l + d_h) = k_h - k_l$. Daher ist der Term $(x - k_h + k_l)$ maximal null. Der Term $(x + 2d_h - 2k_h + 2k_l)$ ist positiv, da $k_h \leq k_l + d_h$. Da der Nenner negativ ist, ist der gesamte Bruch maximal null und somit ist die Bedingung stets erfüllt.

Herleitung Formel 4.48: „Erwarteter Payoff bei e_1-Moral Hazard, KRL in Abhängigkeit von $m = k_l + d_h + x$"

In Formel 3.10 wird der Cut-Off

$$m = k_l + d_h + x$$

und das vertraglich vereinbarte Gehalt gemäß Formel 4.47

$$A_G = -\frac{2c_1d_h}{f_h(x-k_h+k_l)}$$

$$A_B = 0$$

sowie die Wahrscheinlichkeit für konservative Rechnungslegung

$$f_l = 1$$

eingesetzt. So folgt der erwartete Payoff

$$E(R) =$$

$$\frac{-8c_1 d_h - 4\alpha d_h^2 + \alpha(-3 + f_h) f_h (x - k_h + k_l)^2 - 4d_h(-2k_h + \alpha f_h (x - k_h + k_l))}{8d_h}$$

Herleitung Formel 4.50: „Erwarteter Payoff bei e_1-Moral Hazard, SU und $k_h \leq k_l + d_h$“

In die Formel 3.10 wird das Gehalt bei schlechtem Signal

$$A_B = 0$$

und die Wahrscheinlichkeiten für symmetrische Unsicherheit

$$f_l = f_h = f$$

eingesetzt. So folgt der erwartete Payoff

$$E(R) = \frac{(1-6f+4f^2)\alpha d_h^2 + 2fA_G\left(-d_h + (-1+2f)(m-k_h)\right) - (-1+2f)\alpha(m-k_h)^2 + 4fd_hk_h}{4fd_h}$$

Das vertraglich vereinbarte Gehalt gemäß Formel 4.36

$$A_G = \frac{2c_1d_h}{(-1+f_h+f_l)(k_h-k_l)}$$

eingesetzt, folgt

$$E(R)$$

$$= \frac{4fc_1d_h(-d_h+(-1+2f)(m-k_h)) + (-1+2f)((1-6f+4f^2)\alpha d_h^2 - (-1+2f)\alpha(m-k_h)^2 + 4fd_hk_h)(k_h-k_l)}{4f(-1+2f)d_h(k_h-k_l)}$$

Mit dem optimalen Cut-Off gemäß Formel 4.39

$$m = k_h + \frac{2fc_1d_h}{(-1+2f)\alpha(k_h-k_l)}$$

eingesetzt, folgt

$$E(R) = k_h + d_h\left(\frac{1}{4}\left(-6+\frac{1}{f}+4f\right)\alpha + \frac{c_1(fc_1+\alpha(-k_h+k_l))}{(-1+2f)\alpha(k_h-k_l)^2}\right)$$

Herleitung Formel 4.51: „Erwarteter Payoff bei e_1-Moral Hazard, KRL und $k_h \leq k_l + d_h$"

Basierend auf Formel 3.10 mit dem vertraglichen Gehalt gemäß Formel 4.43

$$A_G \geq \frac{2c_1 d_h}{f_h(k_h - k_l)}$$

folgt der erwartete Payoff

$$E(R) = \frac{\begin{array}{c}-8c_1 d_h(-m + d_h + k_h) + (\alpha d_h^2(-4 + f_h + f_h^2) + \alpha(-3 + f_h)f_h(m - k_h)^2 \\ +d_h(-2\alpha(-1 + f_h)f_h(m - k_h) + 8k_h))(k_h - k_l)\end{array}}{8d_h(k_h - k_l)}$$

In diesen wird der optimale Cut-Off gemäß Formel 4.45

$$m = k_h + d_h(1 + \frac{2}{-3 + f_h}) + \frac{4c_1 d_h}{\alpha(-3 + f_h)f_h(-k_h + k_l)}$$

eingesetzt sowie Formel 3.2

$$f_h = 2f - 1$$

woraus der zum Vergleich mit symmetrischer Unsicherheit benötigte erwartete Payoff folgt

$$E(R) = \frac{4(-2+f)k_h + d_h((5-4f)\alpha + \frac{4c_1(\frac{c_1}{\alpha - 2f\alpha} + k_h - k_l)}{(k_h - k_l)^2})}{4(-2+f)}$$

Herleitung Formel 4.52: „Dominanzbedingung für KRL über SU "

Damit der Payoff bei konservativer Rechnungslegung den Payoff bei symmetrischer Unsicherheit dominiert, muss gelten

$$E(R_{SU}) < E(R_{KRL})$$

$$<=> k_h + d_h\left(\frac{1}{4}\left(-6 + \frac{1}{f} + 4f\right)\alpha + \frac{c_1\left(fc_1 + \alpha(-k_h + k_l)\right)}{(-1+2f)\alpha(k_h - k_l)^2}\right)$$

$$< \frac{4(-2+f)k_h + d_h((5-4f)\alpha + \frac{4c_1(\frac{c_1}{\alpha - 2f\alpha} + k_h - k_l)}{(k_h - k_l)^2})}{4(-2+f)}$$

$$<=>$$

$$c_1 > -\frac{\sqrt{-(-2+f)f(-1+2f(5+4(-1+f)f))\alpha^2(k_h-k_l)^2}+3f\alpha(-k_h+k_l)}{2(-1+f)f}$$

Der Nenner ist negativ. Im Zähler ist der Wurzelausdruck positiv und der Term $3f\alpha(-k_h + k_l)$ negativ. Da gilt

$$\sqrt{-(-2+f)f\big(-1+2f(5+4(-1+f)f)\big)\alpha^2(k_h-k_l)^2}$$

$$< -\big(3f\alpha(-k_h+k_l)\big) \mid (\ldots)^2$$

$$<=> (2-f)f\big(-1+2f(5+4(-1+f)f)\big)\alpha^2(k_h-k_l)^2$$
$$< 9f^2\alpha^2(-k_h+k_l)^2$$

$$<=> (-1+f)f(-1+2f)\alpha(k_h-k_l) \leq 0$$

ist der Zähler insgesamt nichtpositiv. Geteilt durch den negativen Nenner ist der Bruch minimal null und der gesamte Ausdruck durch das vorangestellte Minuszeichen stets maximal null. Die Kosten c_1 sind annahmegemäß positiv und somit ist die Bedingung für die Dominanz der KRL stets erfüllt.

Herleitung Formel 4.53: „Kostenlevel ab dem der erwartete Fehler bei SU geringer ist als bei KRL“

Gemäß Formel 3.15 lautet der erwartete Fehler bei symmetrischer Unsicherheit

$$E(F_{SU}) = -\frac{\alpha((1-6f+4f^2)d_h^2-(-1+2f)(m-k_h)^2)}{4fd_h}$$

Setzt man dort den optimalen Cut-Off gemäß Formel 4.39

$$m = k_h + \frac{2fc_1d_h}{(-1+2f)\alpha(k_h-k_l)}$$

ein, so folgt

$$E(F_{SU}) = d_h(\frac{1}{4}(6-\frac{1}{f}-4f)\alpha + \frac{fc_1^2}{(-1+2f)\alpha(k_h-k_l)^2})$$

Der erwartete Fehler für konservative Rechnungslegung lautet gemäß Formel 3.17

$$E(F_{KRL}) =$$

$$-\frac{\alpha(d_h^2(-4+f_h+f_h^2)-2d_h(-1+f_h)f_h(m-k_h)+(-3+f_h)f_h(m-k_h)^2)}{8d_h}$$

Setzt man den optimalen Cut-Off gemäß Formel 4.45

$$m = k_h + d_h(1 + \frac{2}{-3 + f_h}) + \frac{4c_1 d_h}{\alpha(-3 + f_h)f_h(-k_h + k_l)}$$

und die Bedingung der konstanten Gesamtfehlerwahrscheinlichkeit

$$f_h = 2f - 1$$

ein, so folgt

$$E(F_{KRL}) = \frac{d_h((-5 + 4f)\alpha^2 - \frac{4c_1^2}{(-1 + 2f)(k_h - k_l)^2})}{4(-2 + f)\alpha}$$

Es gilt, dass der erwartete Fehler bei symmetrischer Unsicherheit kleiner ist als bei konservativer Rechnungslegung, wenn

$$E(F_{SU}) < E(F_{KRL})$$

$$<=> d_h\left(\frac{1}{4}\left(6 - \frac{1}{f} - 4f\right)\alpha + \frac{fc_1^2}{(-1 + 2f)\alpha(k_h - k_l)^2}\right)$$

$$< \frac{d_h((-5 + 4f)\alpha^2 - \frac{4c_1^2}{(-1 + 2f)(k_h - k_l)^2})}{4(-2 + f)\alpha}$$

$$<=> c_1 \geq \frac{(-1 + 2f)\alpha(k_h - k_l)}{\sqrt{2}\sqrt{f}}$$

Herleitung Formel 4.54: „IC-Nebenbedingung für e_2-Moral Hazard“

Die Nebenbedingung basiert auf Formel 3.8 wobei für die Wahrscheinlichkeiten einer guten bzw. schlechten Ertragsumgebung gemäß Formel 2.1 substituiert wird. Da der Agent angereizt werden soll die hohen Aufwände zu wählen, gilt für die Wahrscheinlichkeiten auf der linken Seite der Formel 3.8

$$P(G|e_1, e_2) = P(G|e_{1h}, e_{2h}) = \frac{k_h + d_h - m}{2d_h}$$

$$P(B|e_1, e_2) = P(B|e_{1h}, e_{2h}) = \frac{m - (k_h - d_h)}{2d_h}$$

Da der Aufwand e_1 vom Principal beobachtbar ist, lauten die alternativ vom Agenten wählbaren Aufwände auf der rechten Seite der Formel 3.8

$$P(G|\widetilde{e_1}, \widetilde{e_2}) = P(G|e_{1h}, e_{2l}) = \frac{k_h + d_l - m}{2d_l}$$

$$P(B|\widetilde{e_1}, \widetilde{e_2}) = P(B|e_{1h}, e_{2l}) = \frac{m - (k_h - d_l)}{2d_l}$$

Dieses eingesetzt in Formel 3.8 folgt

$$\frac{k_h + d_h - m}{2d_h}(f_h * A_G + (1 - f_h) * A_B)$$

$$+\frac{m - (k_h - d_h)}{2d_h}(f_l * A_B + (1 - f_l) * A_G) - c_2 - c_1$$

$$\geq \frac{k_h + d_l - m}{2d_l}(f_h * A_G + (1 - f_h) * A_B)$$

$$+\frac{m - (k_h - d_l)}{2d_l}(f_l * A_B + (1 - f_l) * A_G) - c_1$$

Mit $A_B = 0$ eingesetzt, folgt

$$-c_2 + A_G\left(\frac{(1 - f_l)(m + d_h - k_h)}{2d_h} + \frac{f_h(-m + d_h + k_h)}{2d_h}\right)$$

$$\geq A_G(\frac{(1 - f_l)(m + d_l - k_h)}{2d_l} + \frac{f_h(-m + d_l + k_h)}{2d_l})$$

$$<=> A_G \geq \frac{2c_2 d_h d_l}{(d_h - d_l)(-1 + f_h + f_l)(m - k_h)}$$

Herleitung Formel 4.56: „IC-Nebenbedingung für e_2-MH, $m \leq k_h - d_h$"

Für den Fall, dass der Cut-Off unterhalb von $k_h - d_h$ gewählt wird, folgt aus der Aufwandkombination (e_{1h}, e_{2h}) auf jeden Fall eine gute Ertragsumgebung. Daher gilt

$$P(G|e_1, e_2) = P(G|e_{1h}, e_{2h}) = 1$$

$$P(B|e_1, e_2) = P(B|e_{1h}, e_{2h}) = 0$$

eingesetzt in Formel 3.8 folgt

$$1 * (f_h * A_G + (1 - f_h) * A_B) + 0 * (f_l * A_B + (1 - f_l) * A_G) - c(e_1, e_2)$$

$$\geq P(G|\widetilde{e_1}, \widetilde{e_2}) * (f_h * A_G + (1 - f_h) * A_B) + P(B|\widetilde{e_1}, \widetilde{e_2})$$
$$* (f_l * A_B + (1 - f_l) * A_G) - c(\widetilde{e_1}, \widetilde{e_2}), \forall \widetilde{e_1}, \widetilde{e_2}$$

Für die alternativen Aufwände gilt

$$P(G|\widetilde{e_1}, \widetilde{e_2}) = P(G|e_{1l}, e_{2h}) = \frac{k_h + d_l - m}{2d_l}$$

$$P(B|\widetilde{e_1}, \widetilde{e_2}) = P(B|e_{1l}, e_{2h}) = \frac{m - (k_h - d_l)}{2d_l}$$

eingesetzt, folgt

$$1 * (f_h * A_G + (1 - f_h) * A_B) + 0 * (f_l * A_B + (1 - f_l) * A_G) - c_2 - c_1$$

$$\geq$$

$$\frac{k_h + d_l - m}{2d_l}(f_h * A_G + (1 - f_h) * A_B)$$

$$+ \frac{m - (k_h - d_l)}{2d_l}(f_l * A_B + (1 - f_l) * A_G) - c_1$$

$$<=> A_{G_{m \leq k_h - d_h}} \geq \frac{2c_2 d_l}{(-1 + f_h + f_l)(m + d_l - k_h)}$$

Setzt man für den Cut-Off

$$m = k_h - d_h - x$$

ein, so folgt

$$A_{G_{m \leq k_h - d_h}} \geq \frac{2c_2 d_l}{(-x - d_h + d_l)(-1 + f_h + f_l)}$$

Herleitung Formel 4.57: „Erwartetes Gehalt bei e_2-MH, $m \leq k_h - d_h$“

Es gilt, dass bei der Aufwandkombination (e_{1h}, e_{2h}) auf jeden Fall eine gute Ertragsumgebung folgt. Daher gilt

$$P(G|e_h) = P(G|e_{1h}, e_{2h}) = 1$$

$$P(B|e_h) = P(B|e_{1h}, e_{2h}) = 0$$

eingesetzt in Formel 3.13, so folgt

$$E(A)$$

$$= \big(1 * f_h + 0 * (1 - f_l)\big) * A_G + \big(0 * f_l + 1 * (1 - f_h)\big) * A_B$$

$$= A_B(1 - f_h) + A_G f_h$$

mit

$$A_B = 0$$

eingesetzt, folgt

$$E(A) = A_G * f_h$$

Herleitung Formel 4.60: „Optimalitätskriterium für e_2-MH, SU“

Bei optimalem Cut-Off gilt

$$\frac{dE\left(A_{m>k_h-d_h}\right)}{dx} = -\frac{dE\left(F_{m=k_h-d_h+x}\right)}{dx}$$

$$<=> \frac{d\frac{c_2(x-2fx+2fd_h)d_l}{(-1+2f)(x-d_h)(d_h-d_l)}}{dx}$$

$$= -\frac{d\frac{\alpha\left((-1+2f)(x-d_h)^2+(-1+6f-4f^2)d_h^2\right)}{4fd_h}}{dx}$$

$$<=> \frac{(1-2f)c_2d_l}{(-1+2f)(x-d_h)(d_h-d_l)} - \frac{c_2(x-2fx+2fd_h)d_l}{(-1+2f)(x-d_h)^2(d_h-d_l)}$$

$$= \frac{(-1+2f)\alpha(x-d_h)}{2fd_h}$$

Mit

$$x = m - k_h + d_h$$

eingesetzt und die Gleichung nach m aufgelöst, lautet der optimale Cut-Off

$$m = k_h - \frac{(2 * (1-2f)^4 f \alpha^2 c_2 d_h^2 (d_h - d_l)^2 d_l)^{1/3}}{(1-2f)^2 \alpha (d_l - d_h)}$$

Herleitung Formel 4.62: „IC-Nebenbedingung für e_2-MH, SU, $m = k_h - d_h - x$"

Basierend auf Formel 4.56

$$A_{G_{m \le k_h - d_h}} \ge \frac{2c_2 d_l}{(-1 + f_h + f_l)(m + d_l - k_h)}$$

wird aufgrund der symmetrischen Unsicherheit die Wahrscheinlichkeit

$$f_h = f_l = f$$

eingesetzt, so folgt

$$A_{G_{m \le k_h - d_h}} \ge \frac{2c_2 d_l}{(-1 + 2f)(m + d_l - k_h)}$$

Mit

$$m = k_h - d_h - x$$

folgt die IC-Nebenbedingung

$$A_{G_{m\leq k_h-d_h}} \geq \frac{2c_2d_l}{(-1+2f)(d_l-d_h-x)}$$

Herleitung Formel 4.63: „Erwartetes Gehalt für e_2-MH, SU, $m = k_h - d_h - x$"

Setzt man das vertraglich vereinbarte Gehalt

$$A_{G_{m\leq k_h-d_h}} = \frac{2c_2d_l}{(-1+2f)(m+d_l-k_h)}$$

und den Cut-Off

$$m = k_h - d_h - x$$

sowie die Wahrscheinlichkeiten aufgrund der symmetrischen Unsicherheit

$$f_h = f_l = f$$

in Formel 4.57 ein, so folgt das erwartete Gehalt

$$E(A) = \frac{2fc_2d_l}{(-1+2f)(d_l-d_h-x)}$$

Herleitung Formel 4.64: „Erwarteter Payoff bei e_2-MH, SU, $m > k_h - d_h$"

In den Payoff gemäß Formel 3.10 setzt man das vertraglich vereinbarte Gehalt gemäß Formel 4.54

$$A_{G_{m>k_h-d_h}} = \frac{2c_2 d_h d_l}{(d_h - d_l)(-1 + f_h + f_l)(m - k_h)}$$

mit

$$A_B = 0$$

ein sowie aufgrund der symmetrischen Unsicherheit

$$f_l = f_h = f$$

so ergibt sich der erwartete Payoff

$$E(R) =$$

$$\frac{1}{4f(-1+2f)d_h(d_h - d_l)(m - k_h)}((-1+2f)(1-6f+4f^2)\alpha d_h^3(m - k_h) \\ + (1-2f)^2\alpha d_l(m - k_h)^3 - (-1+2f)d_h(m - k_h)((-1+2f)m^2\alpha \\ - 4fc_2d_l + (4fd_l - (-1+2f)\alpha(2m - k_h))k_h) + d_h^2(d_l(-4fc_2 - (-1 \\ + 2f)(1-6f+4f^2)\alpha(m - k_h)) + 4f(-1+2f)(m - k_h)k_h))$$

Mit dem optimalen Cut-Off gemäß Formel 4.60

$$m = k_h - \frac{(2 * (1 - 2f)^4 f \alpha^2 c_2 d_h^2 (d_h - d_l)^2 d_l)^{1/3}}{(1 - 2f)^2 \alpha (d_l - d_h)}$$

folgt

$$E(R) =$$

$$\frac{f c_2 d_l \left(-3 * 2^{2/3}(-1 + 2f)\alpha d_h (d_h - d_l) + 4\left(f(-1 + 2f)^4 \alpha^2 c_2 d_h^2 (d_h - d_l)^2 d_l\right)^{1/3}\right) + (d_h - d_l)((1 - 2f)^4 f \alpha^2 c_2 d_h^2 (d_h - d_l)^2 d_l)^{1/3}((1 - 6f + 4f^2)\alpha d_h + 4f k_h)}{4f(d_h - d_l)((1 - 2f)^4 f \alpha^2 c_2 d_h^2 (d_h - d_l)^2 d_l)^{1/3}}$$

Herleitung Formel 4.65: „Erwarteter Payoff bei e_2-MH, SU, $m = k_h - d_h$"

In den Payoff gemäß Formel 3.11 setzt man das vertraglich vereinbarte Gehalt gemäß Formel 4.56

$$A_{G_{m=k_h-d_h}} = \frac{2c_2 d_l}{(-1 + f_h + f_l)(m + d_l - k_h)}$$

Mit

$$A_B = 0$$

sowie aufgrund der symmetrischen Unsicherheit

$$f_l = f_h = f$$

ein und erhält

$$E(R) = \frac{(1-2f)\alpha d_h^2 + (4fc_2 + (-1+2f)\alpha d_h)d_l}{2(-1+2f)(d_h-d_l)} + k_h$$

Herleitung Formel 4.66: „Payoff bei m größer Verteilungsrand abzüglich m auf Verteilungsrand“

$$E\left(R_{m>k_h-d_h}\right) - E\left(R_{m=k_h-d_h}\right) =$$

$$\frac{\begin{pmatrix} fc_2d_l\left(-3*2^{2/3}(-1+2f)\alpha d_h(d_h-d_l) + 4\left(f(-1+2f)^4\alpha^2c_2d_h^2(d_h-d_l)^2d_l\right)^{1/3}\right) \\ + \\ (d_h-d_l)\left((1-2f)^4f\alpha^2c_2d_h^2(d_h-d_l)^2d_l\right)^{1/3}\left((1-6f+4f^2)\alpha d_h + 4fk_h\right) \end{pmatrix}}{4f(d_h-d_l)((1-2f)^4f\alpha^2c_2d_h^2(d_h-d_l)^2d_l)^{1/3}}$$

$$-\left(\frac{(1-2f)\alpha d_h^2 + (4fc_2 + (-1+2f)\alpha d_h)d_l}{2(-1+2f)(d_h-d_l)} + k_h\right)$$

$$= \frac{\begin{matrix}(-1+2f)^5\alpha d_h(d_h-d_l)^2 \\ -4(1-2f)^2fc_2(d_h-d_l)d_l\end{matrix}}{4f(-1+2f)^3(d_h-d_l)^2} - \frac{\frac{3(2*f(-1+2f)^4\alpha^2c_2d_h^2(d_h-d_l)^2d_l)^{2/3}}{\alpha d_h}}{4f(-1+2f)^3(d_h-d_l)^2}$$

Herleitung Formel 4.67: "Erster Term im Zähler der Payoffdifferenz"

Der Term

$$(-1+2f)^5 \alpha d_h (d_h - d_l)^2 - 4(1-2f)^2 f c_2 (d_h - d_l) d_l$$

ist positiv, da der erste Summand

$$(-1+2f)^5 \alpha d_h (d_h - d_l)^2$$

durch $f > 0.5$ und der zweite Summand

$$-4(1-2f)^2 f c_2 (d_h - d_l) d_l$$

durch $d_h < d_l$ positiv ist.

Herleitung Formel 4.68: "Zweiter Term im Zähler der Payoffdifferenz"

Der Term

$$\frac{3 * 2^{2/3} (f(-1+2f)^4 \alpha^2 c_2 d_h^2 (d_h - d_l)^2 d_l)^{2/3}}{\alpha d_h}$$

ist positiv, da alle seine Faktoren entweder per Definition positiv sind oder durch das potenzieren mit einer geraden Potenz positiv werden.

Herleitung Formel 4.71: „IC-Nebenbedingung für e_2-MH, KRL, $m = k_h - d_h + x$"

Basierend auf der IC-Nebenbedingung für e_2-MH lautet gemäß Formel 4.54 mit der Wahrscheinlichkeit für konservative Rechnungslegung

$$f_l = 1$$

folgt

$$A_G \geq \frac{2c_2 d_h d_l}{(d_h - d_l) f_h (m - k_h)}$$

Setzt man dort

$$m = k_h - d_h + x$$

folgt

$$A_{G_{m>k_h-d_h}} \geq \frac{2c_2 d_h d_l}{(x - d_h)(d_h - d_l) f_h}$$

Herleitung Formel 4.72: „Erwartetes Gehalt für e_2-MH, KRL, $m = k_h - d_h + x$"

Basierend auf dem erwarteten Gehalt gemäß Formel 3.13 mit der Wahrscheinlichkeit für konservative Rechnungslegung

$$f_l = 1$$

folgt

$$E(A) = \frac{A_G f_h(-m + d_h + k_h)}{2d_h}$$

Mit

$$m = k_h - d_h + x$$

folgt

$$E(A) = -\frac{A_G(x - 2d_h)f_h}{2d_h}$$

Mit dem vertraglich vereinbarten Gehalt gemäß Formel 4.71

$$A_{G_{m>k_h-d_h}} = \frac{2c_2 d_h d_l}{(x - d_h)(d_h - d_l)f_h}$$

folgt

$$E(A) = -\frac{c_2(x - 2d_h)d_l}{(x - d_h)(d_h - d_l)}$$

Herleitung Formel 4.73: „Optimalitätsbedingung für Cut-Off bei e_2-MH, KRL“

Die Optimalitätsbedingung basierend auf Formel 4.1 lautet

$$\frac{dE\left(A_{m>k_h-d_h}\right)}{dx} = -\frac{dE\left(F_{m=k_h-d_h+x}\right)}{dx}$$

$$<=>$$

$$\frac{d\,\frac{c_2(-x+2d_h)d_l}{(x-d_h)(d_h-d_l)}}{dx}$$

$$= -\frac{d\,\frac{\alpha(4d_h^2+(x-2d_h)(3x-2d_h)f_h-(x-2d_h)^2f_h^2)}{8d_h}}{dx}$$

$$<=> \frac{c_2(x-2d_h)d_l}{(x-d_h)^2(d_h-d_l)} - \frac{c_2 d_l}{(x-d_h)(d_h-d_l)}$$

$$= \frac{\alpha(3(x-2d_h)f_h+(3x-2d_h)f_h-2(x-2d_h)f_h^2)}{8d_h}$$

$$<=> c_2 = -\frac{\alpha(x-d_h)^2(d_h-d_l)(x(-3+f_h)-2d_h(-2+f_h))f_h}{4d_h^2 d_l}$$

bzw. mit $x = m - k_h + d_h$

$$c_2 = \frac{\alpha(d_h - d_l)f_h(d_h(-1 + f_h) - (-3 + f_h)(m - k_h))(m - k_h)^2}{4d_h^2 d_l}$$

Herleitung Formel 4.74: „Vertragliches Gehalt bei e_2-MH, KRL mit Rand-Cut-Off"

Eingesetzt in Formel 4.56 wird die Wahrscheinlichkeit für konservative Rechnungslegung

$$f_l = 1$$

so folgt

$$A_{G_{m \leq k_h - d_h}} \geq -\frac{2c_2 d_l}{(x + d_h - d_l)f_h}$$

Herleitung Formel 4.75: „Erwartetes Gehalt bei e_2-MH, KRL mit Rand-Cut-Off"

Eingesetzt in das erwartete Gehalt gemäß Formel 4.57 wird das vertraglich vereinbarte Gehalt gemäß Formel 4.74

$$A_{G_{m \leq k_h - d_h}} = -\frac{2c_2 d_l}{(x + d_h - d_l)f_h}$$

so folgt

$$E(A) = \frac{2c_2 d_l}{d_l - d_h - x}$$

Herleitung Formel 4.76: „Erwarteter Payoff bei e_2-MH, KRL, $m > k_h - d_h$“

In den Payoff basiert auf Formel 3.10 wird das vertraglich vereinbarte Gehalt gemäß Formel 4.71

$$A_{G_{m>k_h-d_h}} = \frac{2c_2 d_h d_l}{(x - d_h)(d_h - d_l)f_h}$$

Mit

$$A_B = 0$$

und der Wahrscheinlichkeit für konservative Rechnungslegung

$$f_l = 1$$

sowie dem Cut-Off

$$m = k_h - d_h + x$$

eingesetzt, folgt der erwartete Payoff

$$E(R) =$$

$$\frac{1}{8(x-d_h)d_h(d_h-d_l)}(-x^3\alpha d_l(-3+f_h)f_h + 4\alpha d_h^4(1+f_h-f_h^2)$$
$$+ 4d_h^3(\alpha d_l(-1+(-1+f_h)f_h) + x\alpha(-1+f_h(-3+2f_h)) - 2k_h)$$
$$+ xd_h(8c_2d_l + x\alpha f_h(x(-3+f_h) + d_l(-11+5f_h)) - 8d_lk_h) + d_h^2(4d_l(x\alpha$$
$$- 4c_2 + x\alpha(3-2f_h)f_h + 2k_h) + x(x\alpha(11-5f_h)f_h + 8k_h)))$$

Da ein optimales m bzw. x in Abhängigkeit der Kosten c_2 nicht berechnet werden kann, wird angenommen, dass immer das optimale x zu einem vorgegebenen c_2 gefunden wurde, wobei ein höheres x ein niedrigeres c_2 bedeutet. Mit der optimale x-c_2-Kombination, die den Payoff bei Cut-Off $m = k_h - d_h + x$ optimiert gemäß Formel 4.73

$$c_2 = \frac{\alpha(d_h-d_l)f_h(-d_h(-1+f_h) + (-3+f_h)(m-k_h))(m-k_h)^2}{4d_h^2d_l}$$

ergibt sich der maximale Payoff für jedes $0 < x < d_h$

$$\frac{\alpha(-4d_h^3 - (x-2d_h)(6x^2 - 11xd_h + 6d_h^2)f_h + (x-2d_h)^2(2x-d_h)f_h^2) + 8d_h^2k_h}{8d_h^2}$$

bzw. mit $x = m - k_h + d_h$ folgt

$$\frac{\alpha d_h^3(-4+f_h+f_h^2)-\alpha d_h f_h(-5+3f_h)(m-k_h)^2+2\alpha(-3+f_h)f_h(m-k_h)^3+8d_h^2k_h}{8d_h^2}$$

Herleitung Formel 4.77: „Erwarteter Payoff bei e_2-MH, KRL mit Rand-Cut-Off“

Der Payoff basiert auf Formel 3.11. Mit

$$A_B = 0$$

und der Wahrscheinlichkeit für konservative Rechnungslegung

$$f_l = 1$$

eingesetzt, folgt

$$E(R) = -\frac{\alpha d_h}{2} - A_G f_h + k_h$$

mit dem vertraglich vereinbarten Gehalt gemäß Formel 4.74

$$A_{G_{m=k_h-d_h}} = -\frac{2c_2 d_l}{(d_h-d_l)f_h}$$

eingesetzt folgt

$$E(R) = \frac{4c_2 d_l + \alpha d_h(-d_h + d_l)}{2(d_h - d_l)} + k_h$$

Herleitung Formel 4.79: „Erwarteter Payoff e_2-MH, KRL mit Überrand-Cut-Off, $f_h = 2f - 1$"

Basierend auf Formel 4.76 mit der Bedingung für eine konstante Gesamtfehlerwahrscheinlichkeit

$$f_h = 2f - 1$$

eingesetzt folgt

$$E(R) =$$

$$\frac{\alpha\left((-1+2f)(6x-5d_h)(x-2d_h)^2-(1-2f)^2(2x-3d_h)(x-2d_h)^2-4d_h^3\right) + 8d_h^2 k_h}{8d_h^2}$$

Herleitung Formel 4.80: „Erwarteter Payoff e_2-MH, KRL mit Rand-Cut-Off, $f_h = 2f - 1$"

In Formel 4.78 wird die Bedingung für eine konstante Gesamtfehlerwahrscheinlichkeit

$$f_h = 2f - 1$$

eingesetzt, so folgt

$$E(R) =$$

$$\frac{\alpha((-1+2f)(3x-4d_h)(x-d_h)^2-(1-2f)^2(x-2d_h)(x-d_h)^2-d_h^3)+2d_h^2k_h}{2d_h^2}$$

Herleitung Formel 4.81: „Erwarteter Payoff e_2-MH, SU mit Überrand-Cut-Off, adjustierte Kosten“

Basierend auf Formel 4.64

$$E(R) =$$

$$\frac{fc_2d_l\left(-3*2^{2/3}(-1+2f)\alpha d_h(d_h-d_l)+4\left(f(-1+2f)^4\alpha^2c_2d_h^2(d_h-d_l)^2d_l\right)^{1/3}\right) \\ +(d_h-d_l)((1-2f)^4f\alpha^2c_2d_h^2(d_h-d_l)^2d_l)^{1/3}((1-6f+4f^2)\alpha d_h+4fk_h)}{4f(d_h-d_l)((1-2f)^4f\alpha^2c_2d_h^2(d_h-d_l)^2d_l)^{1/3}}$$

werden die optimalen Kosten

$$c_2 = -\frac{\alpha(x-d_h)^2(d_h-d_l)\left(x(-3+f_h)-2d_h(-2+f_h)\right)f_h}{4d_h^2d_l}$$

sowie der konstanten Gesamtfehlerwahrscheinlichkeit

$$f_h = 2f - 1$$

eingesetzt, so folgt der erwartete Payoff überarbeiten

$$\frac{1}{16}(4(-6+\frac{1}{f}+4f)\alpha d_h$$

$$-\frac{12(f(-1+2f)^5\alpha^3(x-d_h)^2(-(-2+f)x+(-3+2f)d_h)(d_h-d_l)^3)^{2/3}}{f(-1+2f)^3\alpha d_h(d_h-d_l)^2}$$

$$+16(-\frac{(-1+2f)\alpha(x-d_h)^2((-2+f)x+(3-2f)d_h)}{2d_h^2}+k_h)$$

Herleitung Formel 4.82: „Erwarteter Payoff e_2-MH, SU mit Rand-Cut-Off, adjustierte Kosten“

Basierend auf Formel 4.65

$$E(R) = \frac{(1-2f)\alpha d_h^2 + (4fc_2 + (-1+2f)\alpha d_h)d_l}{2(-1+2f)(d_h-d_l)} + k_h$$

werden die optimalen Kosten

$$c_2 = -\frac{\alpha(x-d_h)^2(d_h-d_l)\big(x(-3+f_h)-2d_h(-2+f_h)\big)f_h}{4d_h^2 d_l}$$

und die Bedingung für die konstante Gesamtfehlerwahrscheinlichkeit

$$f_h = 2f - 1$$

eingesetzt, so folgt der erwartete Payoff

$$E(R) = \frac{\begin{array}{c}-2(-2+f)fx^3\alpha + 2f(-7+4f)x^2\alpha d_h \\ +(-1-6f+4f^2)\alpha d_h^3 + 2d_h^2((8-5f)fx\alpha + k_h)\end{array}}{2d_h^2}$$

Literaturverzeichnis

Arya, A./Glover, J./Sunder, S. (1998): *Earnings Management and the Revelation Principle*, in: Review of Accounting Studies, 3 (1/2), S. 7-34.

Bagnoli, M./Watts, S. G. (2005): *Conservative Accounting Choices*, in: Management Science, 51 (5), S. 786-801.

Ball, R./Sadka, G./Robin, A. (2007): *Is Financial Reporting Shaped by Equity Markets or by Debt Markets? An International Study of Timeliness and Conservatism*, in: SSRN Electronic Journal.

Ball, R./Shivakumar, L. (2008): *How much new information is there in earnings?*, in: Journal of accounting research, 46 (5), S. 975-1016.

Barth, M. E. (2008): *Global financial reporting implications for US academics*, in: The accounting review: a journal of the American Accounting Association, 83 (5), S. 1159-1179.

Basu, S. (1997): *The conservatism principle and the asymmetric timeliness of earnings*, in: Journal of Accounting and Economics, 24 (1), S. 3-37.

Baumbach, A./Hopt, K. J./Kumpan, C./Merkt, H./Roth, M./Baumbach, H. (2014): *Handelsgesetzbuch mit GmbH & Co., Handelsklauseln, Bank- und Börsenrecht, Transportrecht (ohne Seerecht)*, Beck'sche Kurz-Kommentare Beck, München.

Beaver, W. H./Ryan, S. G. (2005): *Conditional and Unconditional Conservatism: Concepts and Modeling*, in: Review of Accounting Studies, 10 (2-3), S. 269-309.

Benston, G. J. (2007): *Fair value accounting a cautionary tale from Enron*, in: The Routledge companion to fair value and financial reporting, S. 233-246.

Bielinska-Kwapisz, A. (2003): *Sufficiency in Blackwell's theorem*, in: Mathematical social sciences, 46 (1), S. 21-25.

Blackwell, D. (1953): *Equivalent Comparisons of Experiments*, in: The Annals of Mathematical Statistics, 24 (2), S. 265-272.

Bliss, J. H. (1924): *Management through accounts*, The Ronald press company, New York.

Bruhn, M. (2014): *Marketing Grundlagen für Studium und Praxis*. 12. überarb. Aufl. Springer Gabler, Wiesbaden.

Callen, J. L./Segal, D./Hope, O.-K. (2010): *The pricing of conservative accounting and the measurement of conservatism at the firm-year level*, in: Review of Accounting Studies, 15 (1), S. 145-178.

Caskey, J./Hughes, J. S. (2008): *Efficiency Properties of Impairment Accounting in Debt Contracting*. University of California, Los Angeles.

Chen, Q./Hemmer, T./Zhang, Y. (2006): *On the relation between conservatism in accounting standards and* *incentives for earnings management*, in: Faculty research papers / The Fuqua School of Business, Duke University.

Chen, Q./Mittendorf, B./Zhang, Y. (2010): *Endogenous Accounting Bias when Decision Making and Control Interact*, in: Contemporary Accounting Research, 27 (4), S. 1063 ff.

Christensen, J./Demski, J. S. (2004): *Asymmetric monitoring good versus bad news verification*, in: Schmalenbach business review, 56 (3), S. 206-222.

Christensen, J. A./Demski, J. S. (2002): *Accounting Theory: An Information Content Perspective*, McGraw-Hill, Boston.

Coenenberg, A. G./Haller, A./Schultze, W./Bergmann, I. (2014): *Jahresabschluss und Jahresabschlussanalyse: betriebswirtschaftliche, handelsrechtliche, steuerrechtliche und internationale Grundlagen, HGB, IAS/IFRS, US-GAAP, DRS [Hauptbd.]*, Schäffer-Poeschel, Stuttgart.

Dawes, J. (2014): *Cigarette brand loyalty and purchase patterns: An examination using US consumer panel data*, in: Journal of Business Research, 67 (9), S. 1933-1943.

Demski, J. S. (1980): *Information analysis*, Addison-Wesley paperback series in accounting Addison-Wesley Pub. Co, Reading, Mass.

Dewing, I. P./Russell, P. O. (2004): *Accounting, auditing and corporate governance of European listed countries EU policy developments before and after Enron*, in: Journal of common market studies: JCMS, 42 (2), S. 289-319.

Dickhaut, J./Basu, S./McCabe, K./Waymire, G. (2010): *Neuroaccounting consilience between the biologically evolved brain and culturally evolved accounting principles*, in: Accounting horizons: a quarterly publication of the American Accounting Association, 24 (2), S. 221-255.

Dietrich, J. R./Muller, K. A./Riedl, E. J. (2007): *Asymmetric timeliness tests of accounting conservatism*, in: Review of Accounting Studies, 12 (1), S. 95-124.

Dye, R. A. (1985): *Strategic Accounting Choice and the Effects of Alternative Financial Reporting*, in: Journal of accounting research, 23 (2), S. 544-574.

Financial Accounting Standards Board. (2010): *Statement of Financial Accounting Concepts 8.*

Francis, B./Hasan, I./Wu, Q. (2013): *The benefits of conservative accounting to shareholders evidence from the financial crisis*, in: Accounting horizons: a quarterly publication of the American Accounting Association, 27 (2), S. 319-346.

Fülbier, R. U./Gassen, J./Sellhorn, T. (2008): *Vorsichtige Rechnungslegung theoretische Erklärung und empirische Evidenz*, in: Zeitschrift für Betriebswirtschaft: ZfB, 78 (12), S. 1317-1342.

García Lara, J. M./Mora, A. (2004): *Balance Sheet vs. Earnings Conservatism in Europe*, in: European Accounting Review, 13 (2), S. 261-292.

Gassen, J./Uwe Fülbier, R./Sellhorn, T. (2006): *International Differences in Conditional Conservatism – The Role of Unconditional Conservatism and Income Smoothing*, in: European Accounting Review, 15 (4), S. 527-564.

Gigler, F./Kanodia, C./Sapra, H./Venugopalan, R. (2009): *Accounting conservatism and the efficiency of debt contracts*, in: Journal of accounting research, 47 (3), S. 767-797.

Gigler, F. B./Hemmer, T. (2001): *Conservatism, Optimal Disclosure Policy, and the Timeliness of Financial Reports*, in: The Accounting Review, 76 (4), S. 471-493.

Giner, B./Rees, W. (2001): *On the Asymmetric Recognition of Good and Bad News in France, Germany and the United Kingdom*, in: Journal of Business Finance, 28 (9&10), S. 1285-1331.

Givoly, D./Hayn, C. (2000): *The changing time-series properties of earnings, cash flows and accruals has financial reporting become more conservative?*, in: Financial accounting and investment management, S. 226-259.

Givoly, D./Hayn, C. K./Natarajan, A. (2007): *Measuring Reporting Conservatism*, in: The Accounting Review, 82 (1), S. 65-106.

Gjesdal, F. (1982): *Information and incentives the agency information problem*, in: The review of economic studies, 49 (3), S. 373-390.

Göx, R. F./Wagenhofer, A. (2010): *Optimal Precision of Accounting Information in Debt Financing*, in: European Accounting Review, 19 (3), S. 579-602.

Guay, W./Verrecchia, R. (2006): *Discussion of an economic framework for conservative accounting and Bushman and Piotroski (2006)*, in: Journal of Accounting & Economics, 42 (1-2), S. 149-165.

Hirte, H. (2014): *Aktiengesetz*, Beck-Texte im dtv Dt. Taschenbuch-Verl. Beck, München.

Holmstrom, B./Milgrom, P. (1985): *Aggregation and linearity in the provision of intertemporal incentives*, Technical report / Stanford University, Institute for Mathematical Studies in the Social Sciences Univ, Stanford, Cal.

IASB/FASB (2011): *IFRS 13*.

Ijiri, Y. (1975): *Theory of accounting measurement*, Studies in accounting research American Accounting Assoc., Sarasota, Fla.

Ijiri, Y./Jaedicke, R. K. (1966): *Reliability and objectivity of accounting measurements*, in: The accounting review: a journal of the American Accounting Association, 41 (3), S. 474-483.

Kennerknecht, R./Bolten, J./Spiller, A./Zühlsdorf, A. (2007): *Marketing im Naturkostfachhandel: Eine empirische Untersuchung zur Kundenzufriedenheit und Kundenbegeisterung*, Cuvillier, Göttingen.

Kim, S. K. (1995): *Efficiency of an information system in an agency model*, in: Econometrica: journal of the Econometric Society, an internat. society for the advancement of economic theory in its relation to statistics and mathematics, S. 89-102.

Kwon, Y. K. (2005): *Accounting Conservatism and Managerial Incentives*, in: Management Science, 51 (11), S. 1626-1632.

Kwon, Y. K./Newman, D. P./Suh, Y. S. (2001): *The Demand for Accounting Conservatism for Management Control*, in: Review of Accounting Studies, 6 (1), S. 29-52.

Li, J. (2009): *Accounting Conservatism and Debt Contract: Efficient Liquidation and Covenant Renegotiation*, in: SSRN Electronic Journal.

Mock, T. J. (1976): *Measurement and accounting information criteria*, Studies in accounting research American Accounting Association, Sarasota, Fla.

Pellens, B./Fülbier, R. U./Gassen, J./Sellhorn, T. (2014): *Internationale Rechnungslegung IFRS 1 bis 13, IAS 1 bis 41, IFRIC-Interpretationen, Standardentwürfe*, Schäffer-Poeschel, Stuttgart.

Ryan, S. G. (2006): *Identifying Conditional Conservatism*, in: European Accounting Review, 15 (4), S. 511-525.

Schneider, D. (1997): *Rechnungswesen*, Betriebswirtschaftslehre Oldenbourg, München.

Suijs, J. (2008): *On the value relevance of asymmetric financial reporting policies*, in: Journal of accounting research, 46 (5), S. 1297-1321.

Sung, J. (2005): *Linearity with project selection and controllable diffusion rate in continuous-time principal-agent problems*, in: Symposium on the economics of organization, S. 720-743.

Wagenhofer, A. (2005): *Bilanzielle Vorsicht und Informationsgehalt der Rechnungslegung*, in: Kritisches zu Rechnungslegung und Unternehmensbesteuerung: Festschrift zur Vollendung des 65. Lebensjahres von Theodor Siegel, S. 227-248.

Wagenhofer, A./D'Arcy, A. (2006): *Controlling und IFRS-Rechnungslegung Konzepte, Schnittstellen, Umsetzung*, Schmidt, Berlin.

Watts, R. L. (2003): *Conservatism in accounting part I: explanations and implications*, in: Accounting theory, S. 229-247.

FSC
www.fsc.org
MIX
Papier aus verantwortungsvollen Quellen
Paper from responsible sources
FSC® C105338